技術者に必要な
斜面崩壊の知識

Iida Tomoyuki
飯田智之=著

鹿島出版会

Knowledge of shallow landslide and deep-seated landslide for technicians
by
Tomoyuki IIDA

まえがき

　道路のり面や宅地のり面などが整備されるにつれて、人工斜面における崩壊の危険性は減少しつつある。一方、自然斜面における崩壊の危険性は以前と変わらず、崩壊全体に占める比率が相対的に増加する傾向にある。また、地球温暖化に伴う降雨量の増加により、これまで崩壊の発生数が少なかった地域においても、自然斜面の崩壊の危険性が増すことが懸念される。そのため、免疫性・風化・降雨に対する慣れなど、崩壊に対する地形学的な問題の重要性が増してきている。

　本書は、主に斜面崩壊に関する行政や民間の防災担当の技術者を読者対象として、自然斜面の崩壊に関する研究成果をまとめたものである。斜面崩壊に関する研究は主に工学系の分野で行われているが、自然斜面の崩壊については、理学系の地形学の分野でも独自の観点から研究が進められている。この分野の研究成果は、自然斜面の崩壊を理解して予測や対策につなげるために有益であるが、これまで他の分野や社会に向けて、十分に説明がなされてきたとは言い難い。そこで、著者自身の研究に他の研究を併せて、崩壊に関する地形学的な研究の成果を紹介するのが本書の目的である。

　さらに欲を言えば、この分野の研究者の数が少ないことから、若い学生や研究者の皆さんが、新たな斜面崩壊の研究を始めるきっかけになればという思いもある。

　なお、本書で対象とする主な斜面崩壊は、第1章〜第6章は降雨による表層土の小規模な表層崩壊、第7章は基盤岩も巻き込むような大規模な深層崩壊である。

　本書の構成は以下のとおりである。
　「第1章　長期的にみた斜面崩壊」では、崩壊要因の地形学的見方

と崩壊の免疫性・周期性・慣れについて説明する。また、過去10000年(完新世)における斜面崩壊の実態、および地形学的観点からの崩壊予測について概要を示す。

「第2章 表層崩壊予備物質としての土層」では、斜面崩壊の重要な素因としての土層や風化層の実態と表層崩壊との関係について、事例研究を紹介する。

「第3章 長期的にみた降雨の発生確率」では、斜面崩壊の誘因のひとつとして重要な降雨が、どのような頻度で起きているかを議論するため、確率降雨の考え方や分析手法を説明し、全国の確率降雨の実態や斜面災害を引き起こした降雨の再現期間を示す。

「第4章 表層崩壊のメカニズムと解析手法」では、降雨の浸透過程と崩壊のメカニズムを説明し、浸透流解析と安定解析による解析方法を紹介する。そして、島根県浜田市で1988年7月に発生した表層崩壊を対象としたシミュレーションにより解析モデルの検証を行う。

「第5章 土層深の頻度分布からみた崩壊確率の経年変化」では、同じ浜田市の試験地で実施した土層の調査結果に簡単なモデルを当てはめて、土層の成長に伴う崩壊しやすさの変化を検討する。

さらに、「第6章 土層の成長と降雨確率からみた崩壊確率モデル」では、第4章の解析モデルに第3章の確率降雨と土層の成長モデルを組み合わせた崩壊確率モデルを用いて、崩壊履歴シミュレーションを実施した結果を紹介する。

最後の「第7章 深層崩壊(大規模崩壊)」では、最近その発生が注目されている深層崩壊の実態と予測の現状を紹介する。

本書の執筆にあたっては、多くの方のお世話になった。

まず本書には、東京農工大学名誉教授の塚本良則氏、鹿児島大学教授の下川悦郎氏、(独)森林総合研究所の吉永秀一郎氏および岩手県立大学准教授の吉木岳哉氏をはじめとして、多数の研究者の方々の貴重な研究成果を引用させていただいた。塚本良則先生と京都大学教授の水山高久先生には、本書の出版に向けての心強い励ましをいただいた。

吉木岳哉氏には、1.4節の「斜面の形成時期と斜面崩壊」に関して、地形発達史の考え方や最近の知見について多くのことを教えていただき、原稿のチェックもお願いした。また、2.1(5)節に関しても多くの助言をいただいた。

　筑波大学名誉教授の松倉公憲氏、元南九州大学教授の高谷精二氏、(独)防災科学技術研究所の若月強氏には、何度も原稿全体のチェックをしていただき、多くの有益なご指摘を賜った。

　さらに、筆者がこれまで細々とでも斜面崩壊の研究を続けてこられたのは、以下の皆様のおかげである。

　京都大学名誉教授の奥西一夫先生には、在学中はもちろん、社会人になってからも丁寧なご指導を賜った。元グェルフ大学・筑波大学教授の谷津栄寿先生、京都大学名誉教授の奥田節夫先生、金沢大学教授の柏谷健二先輩には、筆者が地形学研究を志すきっかけを与えていただき、その後も折にふれ励ましていただいた。(独)防災科学技術研究所の故・田中耕平氏、(財)地域地盤環境研究所業務執行理事の岩崎好規氏、(株)地域地盤環境研究所代表取締役の橋本正氏には、筆者の研究に対してご理解を賜り、大変お世話になりました。

　最後に、本書の出版に際しては、鹿島出版会の橋口聖一氏に多くの労をとっていただいた。

　末筆ながら、以上の皆様に心から感謝を申し上げます。

平成24年7月

飯田智之

目　次

まえがき

1. 長期的にみた斜面崩壊 …………………………………… *1*

1.1　斜面崩壊の要因 ……………………………………… *1*
1.2　斜面崩壊の免疫性・周期性・慣れ ………………… *7*
1.3　過去1万年間の表層崩壊の再現期間（周期） ……… *12*
1.4　斜面の形成時期と斜面崩壊 ………………………… *16*
　(1)　後氷期開析前線の下部斜面と斜面崩壊 ………… *16*
　(2)　後氷期開析前線の上部斜面と斜面崩壊 ………… *19*
1.5　ハゲ山と表層崩壊—人間活動の影響— …………… *24*
1.6　崩壊しやすい地形・地質 …………………………… *32*

2. 表層崩壊予備物質としての土層 ……………………… *43*

2.1　土層調査と表層崩壊 ………………………………… *43*
　(1)　地形と土層と崩壊の関係—島根県浜田市— …… *46*
　(2)　花崗岩地域と花崗閃緑岩地域の土層と崩壊
　　　　—愛知県旧小原村— ……………………………… *56*
　(3)　非災害地の土層—大阪府柏原市— ……………… *67*
　(4)　多雨地域の土層と斜面崩壊の慣れ—三重県尾鷲市— ……… *72*
　(5)　非多雨地域における中・古生層斜面の土層
　　　　—岩手県軽米町— ……………………………… *78*

- (6) 崩壊規模の異なる細粒泥岩と粗粒泥岩の土層
  ―北海道日高― ………………………………………………… *88*
- (7) 土層調査の課題 ……………………………………………… *95*

2.2 土層の種類と成因 ……………………………………………… *95*
- (1) 化石土 …………………………………………………………… *96*
- (2) 風化残積土 ……………………………………………………… *97*
- (3) 運積土 …………………………………………………………… *98*
- (4) 風積土 …………………………………………………………… *99*

2.3 土層の生成速度 ………………………………………………… *99*
- (1) 花崗閃緑岩地域における土層の生成速度 …………………… *100*
- (2) 花崗岩地域における土層の生成速度 ………………………… *102*
- (3) シラス地域における土層の生成速度 ………………………… *104*

3. 長期的にみた降雨の発生確率 ……………………………… *111*

3.1 確率雨量の基礎 ………………………………………………… *111*
3.2 確率雨量の事例―島根県浜田測候所― …………………… *115*
3.3 全国の確率雨量 ………………………………………………… *120*
3.4 斜面崩壊時の降雨の再現期間 ………………………………… *122*

4. 表層崩壊のメカニズムと解析手法 ………………………… *133*

4.1 表層崩壊研究の概要と課題 …………………………………… *133*
4.2 山地斜面の浸透流 ……………………………………………… *136*
- (1) 降雨時の流出プロセス ………………………………………… *136*
- (2) 飽和側方浸透流の簡易解析法 ………………………………… *140*
- (3) 飽和側方浸透流に対する地形と降雨の影響 ………………… *151*

4.3 山地斜面の表層崩壊 …………………………………………… *158*
- (1) 表層崩壊のメカニズム ………………………………………… *158*
- (2) 無限長斜面の安定解析 ………………………………………… *162*

4.4 表層崩壊シミュレーション ……… 166
(1) 崩壊の予測精度の評価方法 ……… 167
(2) 解析対象と解析条件 ……… 168
(3) 予測精度の検討 ……… 173

5. 土層深の頻度分布からみた崩壊確率の経年変化 ……… 179

5.1 崩壊確率の考え方 ……… 180
(1) 年齢別人口分布と死亡確率 ……… 180
(2) 年齢別土層分布と崩壊確率 ……… 182
5.2 浜田試験地の土層深からみた崩壊確率の経年変化 ……… 185
(1) 崩壊確率計算の準備と方法 ……… 185
(2) 傾斜別崩壊確率と免疫性の検討 ……… 187

6. 土層の成長と降雨確率からみた崩壊確率モデル ……… 191

6.1 崩壊確率モデルの概要 ……… 191
6.2 浜田試験地における崩壊確率モデルの作成 ……… 193
(1) 短期崩壊確率の計算準備 ……… 193
(2) 崩壊確率と崩壊再現期間 ……… 197
6.3 崩壊履歴シミュレーション─崩壊確率モデルの応用─ ……… 199
(1) 過去1万年の崩壊履歴シミュレーション ……… 201
(2) 降雨に対する崩壊の慣れに関するシミュレーション ……… 206

7. 深層崩壊(大規模崩壊) ……… 211

7.1 深層崩壊の事例
　　─平成23年台風12号による奈良県南部の深層崩壊─ ……… 211
(1) 地形・地質と崩壊発生状況 ……… 211
(2) 降雨の特徴と崩壊との関係 ……… 212

7.2 深層崩壊の特徴と発生要因 ... 217
(1) 深層崩壊と表層崩壊 ... 217
(2) 西南日本南部(外帯)で深層崩壊が発生しやすい理由 ... 218
(3) 長期的にみた深層崩壊 ... 223
7.3 降雨による深層崩壊のメカニズム ... 226
(1) 基盤の浸透能による浸透流の振り分け ... 226
(2) 亀裂による地下水の集中と水位(水圧)上昇 ... 227
7.4 深層崩壊の予測の現状 ... 228
(1) 発生場所の予測 ... 228
(2) 発生時間の中期・短期的予測(年〜月単位の予測) ... 229
(3) 発生時間の直前予測(日〜時間単位の予測) ... 229
(4) 避難 ... 230

コラム
斜面崩壊の崩壊時期を推定する年代測定技術 ... 36
新鮮岩の風化速度と風化基盤の土層化速度は異なる ... 106
確率雨量を求める際の留意点 ... 119
雨量と斜面崩壊の関係を検討する際の留意点 ... 132

1. 長期的にみた斜面崩壊

　斜面崩壊は全国各地で毎年のように発生している。しかし、どうして"その場所"で"そのとき"に崩壊したのかを説明することは容易ではない。同様の斜面の中で、なぜその斜面だけが崩壊したのか、また、これまで崩壊せず、なぜそのときに崩壊したのか、説得力のある説明が困難な場合が多いからである。その理由のひとつとして、崩壊斜面と非崩壊斜面の間に、もともと決定的な差がないことが挙げられる。自然斜面は過去に何度も豪雨や地震の試練を受けているため、崩壊しやすい斜面は既になくなり、少々の豪雨や地震では崩れにくい斜面だけが残っている。すなわち、自然斜面の崩壊には過去の崩壊履歴が大きく影響しており、崩壊の繰り返しで自ら地盤条件を変えることにより、斜面が崩れにくくなるという一種のフィードバック作用が働いている。

　このように、現在の自然斜面を長年の降雨や地震の洗礼を受けた歴史的産物として理解することは、崩壊予測を考える際に重要である。

　本章では、長期的にみた斜面崩壊の実態について、主に地形学や砂防学の分野で進められてきた研究の概要を紹介する。これらはすぐに崩壊予測に結びつく情報ではないが、それを検討する際の基礎的な知見である。

1.1　斜面崩壊の要因
◇素因と誘因

　崩壊要因は表 1.1 に示す素因と誘因に分けて議論することが多い。素因は地形や地質といった崩壊の場所を決める要因であり、誘因は地震や降雨といった崩壊の時間を決める要因である。素因は崩壊を準備する内的要因、誘因は崩壊の引き金となる外的要因である。自然的誘因の他に、放流によるダム湖の急激な水位低下や斜面下部の掘削など、人為的な誘因もある。素因は常時作用している間接要因、誘因は一時

的・瞬間的に作用する直接要因とみなすこともできる。素因と誘因の関係は相補的であり、素因が大きい場合は小さな誘因でも崩壊が発生するが、素因が小さい場合は大きな誘因が作用しないと崩壊は発生しない。崩壊の発生にはそれぞれの素因に見合った大きさ以上の誘因の作用が必要である。そして、素因と誘因の和が斜面ごとの限界を超えたときにはじめて崩壊が発生する。降雨と地震が斜面崩壊の二大誘因であるが、本書で想定する主な誘因は降雨である。

表1.1　代表的な素因と誘因

代表的素因	地形	地質	地盤	植生
代表的誘因	降雨	地震		

◇駆動力と抵抗力

　斜面崩壊を力学的にみると、図1.1のように、潜在的な崩壊面を介して土層に働く駆動力と抵抗力の釣り合いの関係で説明できる。常時は素因に応じた駆動力と抵抗力が釣り合った状態で安定を保っているが、降雨や地震といった誘因の作用により、駆動力が増加したり、逆に抵抗力が減少したりすることで、駆動力が限界の抵抗力(以下、抵抗力とする)を上回ったときに崩壊が発生する。

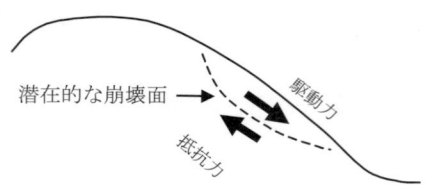

図1.1　駆動力と抵抗力の釣り合い

◇素因と誘因の時間的変化パターン

　崩壊が発生した場合には、降雨や地震といった直接的な原因となる誘因が重視されるきらいがあるが、地盤工学者として有名なテルツア

ギ(Terzaghi、1950)は崩壊の準備段階として素因の時間的変化の重要性を指摘した。彼は1903年にカナダで発生した深層崩壊の原因究明を行い、石炭採掘後の数年にわたる素因の変化(斜面物質の風化作用や、斜面の長期的で緩慢な変形の進行)が崩壊発生に重要な役割を果たしたことを明らかにした(大八木、1986)。これは、一般的には変化しないとみなされている素因(抵抗力)が、掘削の影響で加速されたとはいえ、経年的に変化して崩壊の主要因となり得ることをはじめて示したものである。いわば、崩壊を長期的な斜面変化の一プロセスと捉える地形学的崩壊研究の嚆矢とも言える。

羽田野・大八木(1986)は、その考え方を一般化し、崩壊に至る不安定化要因の時間的変化パターンをⅰ)風化の進行に起因した「漸増(漸変)的変化」、ⅱ)地震による地盤の破壊に起因した「階増的(段階的)変化」、ⅲ)豪雨による地下水位の「振動的変化」の3つに分け、安全率の逆数を不安定指数Ⅰと呼んで、以下の"時空モデル"を提唱した。

$$I = (1/SF) = L(Vg + Vs + Vp \times A)/M \tag{1-1}$$

ここで、SF：安全率、L：地形起伏度、M：地盤強度、Vg：漸増的変化、Vs：階増的要因、Vp：直前の誘因(振動的変化)、A：誘因効果増幅率である。それぞれの項は厳密に定義されたものでなく、具体的表現が困難なものもあるが、これまで個別に扱われてきた崩壊の素因と誘因の時間的変化をパターン化し、1つの式にまとめたことは評価される。ここでは漸増的・振動的・階増的という3種類の変化パターンを遷移的・パルス的・階段的と呼び変え、抵抗力と駆動力の時間的な変化パターンとして説明する。

ⅰ) 遷移的変化パターン(**図 1.2**)

風化の進行に伴い土(斜面物質)の強度が減少して崩壊に対する抵抗力も徐々に減少する。また、土層(風化層)には重力により斜面下方への駆動力が常時作用しているが、風化などで土層の厚さが増すと駆動力も増加する。

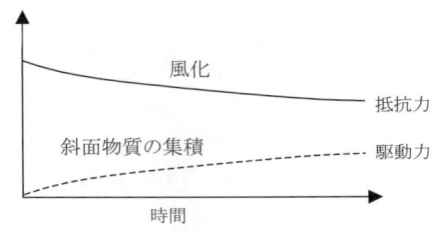

図1.2 遷移的変化パターン

ii) パルス的変化パターン（図1.3）

降雨により地盤の含水量が増加すると、土の強度が低下するために抵抗力が減少し、同時に斜面物質の重量が増加するために駆動力は増加する。いずれも一時的なもので、崩壊に至らない場合は、降雨後元に戻る。地震や強風によっても瞬間的に駆動力が増加するが、その後は元に戻る。また、火災や伐採などの森林破壊により樹木が衰退すると、根茎の作用による地盤の抵抗力と樹木の重量分の駆動力は共に減少するが、森林の回復に伴い元に戻る。このような抵抗力や駆動力の一時的な変化は、長期的にみた場合、いずれもパルス的変化とみなすことができる。

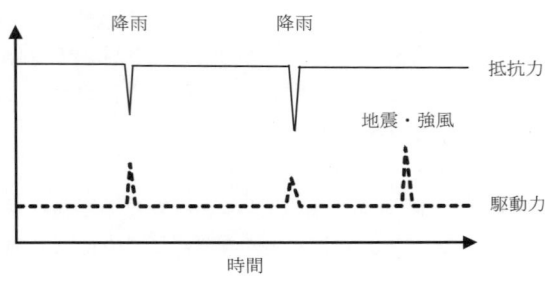

図1.3 パルス的変化パターン

ⅲ）階段的変化パターン（図1.4）

地震が斜面崩壊の直接の誘因となる場合も多いが、崩壊に至らなくても、地盤に新たな亀裂を発生させたり、もともとあった亀裂を拡大させたりして、抵抗力を急激に減少させる場合がある。強風や降雨の影響で地盤に亀裂が発生・拡大することもある。人工的に斜面下部を掘削する場合（土木的には、押さえ盛土の除去）も抵抗力が急激に減少する。一方、崩壊が発生した場合には、崩れやすいものがなくなるため、駆動力は減少し抵抗力は逆に増加する。

これらの急激な変化の影響はパルス的変化と異なり累積するので、抵抗力や駆動力は階段的に変化する。

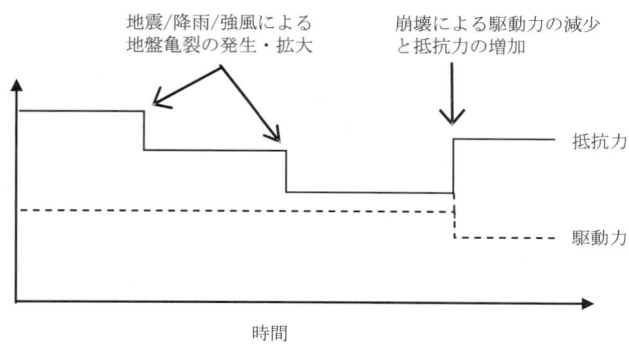

図1.4　階段的変化パターン

以上3つの崩壊要因の変化パターンと抵抗力および駆動力との関係を表1.2にまとめる。崩壊以外の要因はすべて斜面の不安定化をもたらす。

表1.2 変化パターンごとの崩壊要因・現象と主な作用

変化パターン	要因	現象	主な作用	
			抵抗力	駆動力
(1) 遷移的	風化	土の強度低下	−	
		土の重量(層厚)増加		+
	土壌匍行	土の重量(層厚)増加		+
(2) パルス的	降雨	土の強度(有効応力)低下	−	
		土の重量(含水量)増加		+
	地震・強風	地盤(樹木)の揺れ		+
	森林火災・伐採	土(樹根)の強度低下	−	
		土(樹木)の重量減少		−
(3) 階段的	降雨・地震・強風	土の強度低下(亀裂)	−	
	崩壊	土の重量(層厚)減少	+	−

◇誘因が支配的な崩壊と素因が支配的な崩壊

 実際の斜面崩壊では、素因と誘因あるいは抵抗力と駆動力が様々な比率で影響を及ぼしていると考えられるが、その両極端として、図1.5に示すように、誘因が支配的な崩壊と、図1.6に示すように素因(抵抗力の減少)が支配的な崩壊(誘因は単なるきっかけ)がある。

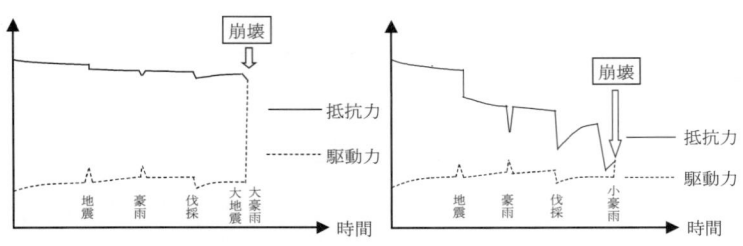

図1.5 誘因が支配的な崩壊の概念図

図1.6 素因(抵抗力の減少)が支配的な崩壊の概念図

 前者の例としては、3時間雨量300mm以上といった未曾有の豪雨に見舞われた1982年7月の長崎豪雨災害が挙げられる。
 一方、後者の例としては、昭和30年代から40年代にかけて全国各地で発生した、ハゲ山に関連した土砂災害が挙げられる。これについ

ては 1.5 節で詳しく述べるが、ハゲ山により森林による崩壊防止機能(素因の抵抗力)が失われたために、それほど大きくない誘因(降雨)でも多数の表層崩壊や土石流が発生したものである。

また、1996年2月に北海道の豊浜トンネルで、明確な誘因もなく発生した岩盤崩落も、素因が支配的な崩壊の一例と考えられる。恐らくは過去数十年の間に発生した地震の影響により、岩盤の亀裂(素因)の抵抗力が徐々に弱まってゆき、凍結融解作用が最後の引き金となったものと推定される。地震前後の地下深部の変化を知ることは難しく、その後に発生した崩壊との因果関係を証明することはさらに困難であるが、大規模な地震が発生した場合は、少なくとも数年から数十年後までは注意が必要である。

1.2 斜面崩壊の免疫性・周期性・慣れ

◇免疫性の定義と研究の実態

小出(1955)は、山崩れに関する全国各地の観察結果から、降雨により崩壊が多発した地域は、同じような降雨に見舞われても崩壊しにくいことを見出し、はしかなど病気に対する人体の抵抗力になぞらえて崩壊の免疫性と呼んだ。ただし、崩壊の免疫性には有効期間があり、時間の経過とともに素因が変化して斜面が不安定化することで免疫期間が終了し、降雨による崩壊条件が再びそろうこととなる。これは、崩壊要因として誘因よりも素因が支配的なケースに相当する。

崩壊による斜面災害を中・長期的に予測する上で、免疫性の特性は重要である。しかし、その言葉が多用されているわりには、具体的事例は、安仁屋(1968)、今村ほか(1975)などわずかしかなく、その実態が明らかとは言い難い。最近ではレーダーアメダス解析雨量をはじめとして、降雨の観測システムが質・量ともに充実してきており、また、火山灰や樹木年輪等様々な年代指標を用いた崩壊履歴の研究も徐々に進んできているので、免疫性の検討に必要な、崩壊場所での正確な降雨情報や同じ場所での崩壊履歴情報の集積が進むものと期待される。

◇免疫性と空間スケール

　免疫性には、個々の斜面を対象とした狭義の免疫性と、流域など広い面積を対象とした広義の免疫性がある。図1.7に、集水(流域)面積と流域での山くずれの平均周期の関係(下川ほか、1984)を示す。これは、花崗岩山地における斜面の崩壊履歴をもとに作成されたものである。山くずれの平均周期は、表層土の再形成速度に規定されており、免疫性の有効期間とほぼ等しい。個々の斜面の崩壊周期は約200年であるが、面積を広くとるほど崩壊時期(位相)がずれる斜面が増えるために、山くずれの平均周期が短くなっている。

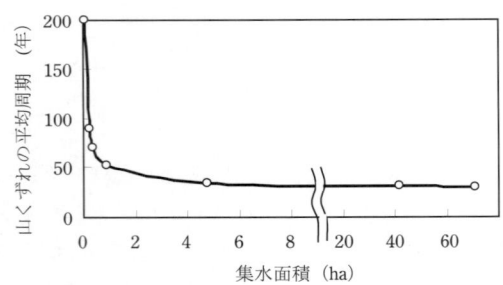

図1.7　集水面積と山崩れの周期の関係(下川ほか、1984)

◇免疫性の時間スケールおよび免疫期間・豪雨周期と崩壊周期の関係

　免疫性を議論する際には、"時間の概念(スケール)"を明示すべきことが、今村(2007)により指摘されている。これは、斜面崩壊の免疫性が、素因の変化速度と誘因の発生頻度(周期)との相対的な関係で決まることを示唆したものである。

　斜面崩壊の免疫性および周期性という言葉は、これまで同様の意味で用いられる場合もあったが、言うまでもなく、本来は別である。例えば崩壊に周期性があったとしても、免疫性によるものではなく、誘因(豪雨)の周期性による場合もあるからである。免疫期間と豪雨周期の相対的な関係としては、以下の両極端のケースが考えられる。

1. 長期的にみた斜面崩壊

i) 豪雨周期より免疫期間が長い(免疫性がある)場合(図 1.8)

この場合は、免疫期間中は如何なる豪雨が作用しても崩壊が発生しないので、崩壊周期(崩壊間隔)は免疫期間以上となる。そして、免疫期間を過ぎるとほどなく発生する豪雨により崩壊するため、崩壊周期は免疫期間とほぼ等しい。

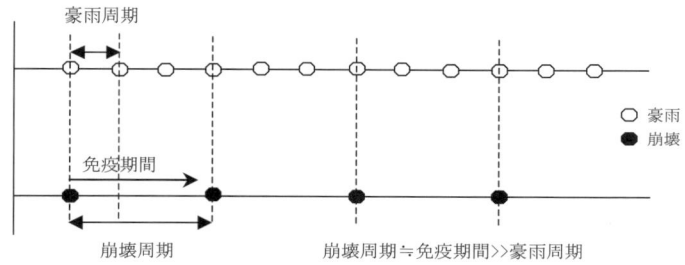

図 1.8 豪雨周期よりも免疫期間が長い場合の崩壊周期

ii) 豪雨周期より免疫期間が短い(免疫性がない)場合(図 1.9)

この場合は、素因の崩壊条件はほとんどいつでも満たされており、しかるべき豪雨が作用するとただちに崩壊が発生するので、崩壊周期は豪雨周期とほぼ等しい。

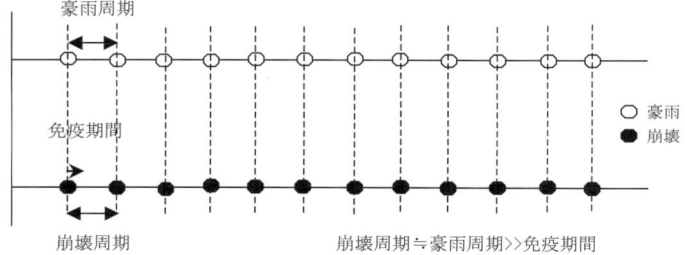

図 1.9 豪雨周期よりも免疫期間が短い場合の崩壊周期

以上のように、崩壊周期は免疫期間と豪雨周期の相対的な関係により規定される。これについては6.3(2)節で検討する。

◇降雨に対する斜面崩壊の慣れ

多雨地域は、非多雨地域と比較して斜面崩壊の限界の雨量が大きく、また同程度の豪雨が発生した場合には斜面崩壊の発生数が少ない。これは一般に"降雨に対する斜面崩壊の慣れ"と呼ばれている。

慣れに関して、難波・秋谷(1970)は、災害発生時の最大日雨量の増加に対する崩壊面積率の増加率(近似直線の勾配)は、多雨地域よりも非多雨地域の方が大きいことをはじめて明らかにした(図1.10)。

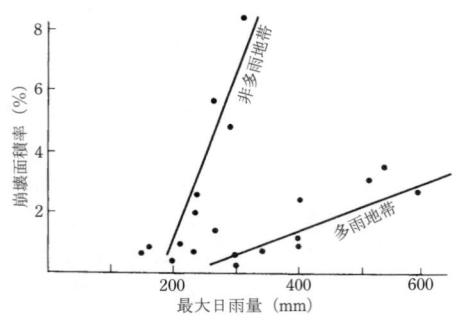

図1.10 最大日雨量と崩壊面積率の関係(難波・秋谷、1970)

また、大村(1982)は図1.11に示すように、多雨地域と非多雨地域における抵抗示数(この値が大きいほど崩壊しにくい)が、7月の平均月雨量と良い正の相関があることを示した。さらに、林(1985)は図1.12に示すように、地質ごとの豪雨による新生崩壊の面積率は雨量そのものよりもむしろ、その値を2年確率降雨(R50%)で割って相対化した雨量指数と良い相関があることを示した。表現方法はそれぞれ異なるが、いずれも降雨に対する斜面崩壊の慣れを表したものである。

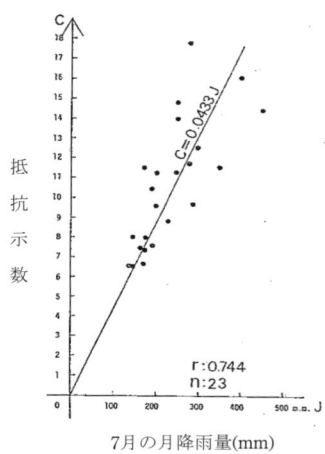

図1.11　7月の平均月雨量と
抵抗示数の関係
（大村、1982）

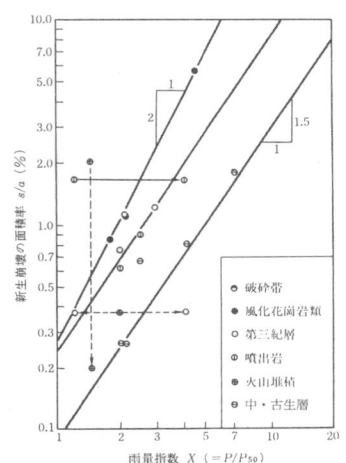

図1.12　雨量指数と新生
崩壊の面積率
（林、1985）

なお、気象庁等により土壌雨量指数（土砂災害の危険度を示す降雨示標のひとつ）による広域土砂災害予報が実用化されているが、この場合も指数の絶対値よりもむしろその観測順位（降雨の発生確率に準じた指標）を重視しており、実際の予報にも慣れが反映されている。

◇風化制約と運搬制約

地形学では、侵食現象を運搬制約（transport-limited）と風化制約（weathering-limited）の2つの概念で分類することがある。斜面崩壊の場合には、風化制約は図1.8のように降雨よりもむしろ地盤条件が崩壊の支配要因となる（免疫性がある）ケースに相当する。一方、運搬制約は、崩壊の予備物質が多量にあるため、あるいは風化速度が極めて速いために、図1.9のように降雨が崩壊の支配要因となる（免疫性がない）ケースに相当する。

◇活動性河川と非活動性河川

　柿(1958)によれば、山地の河川は活動性河川と非活動性河川の2種類に分類され、前者では数年に1回程度頻繁に発生する洪水でも、その流量に比例して土砂の流出があるのに対して、後者では数十年、数百年に1回発生するような稀な降雨に伴う大洪水のときにだけ、斜面崩壊や土石流によって供給された土砂の大量流出が発生する。河床に堆積している土砂の量が、河川の運搬能力と比べて、活動性河川では多く非活動性河川では少ないものと推定される。

　以上、免疫性・周期性・慣れ・運搬制約と風化制約・活動性河川と非活動性河川について述べたが、素因と誘因の観点からは、いずれも斜面崩壊が誘因よりもむしろ素因に規定されていることを、様々な角度から表現したものと言える。

1.3　過去1万年間の表層崩壊の再現期間（周期）

◇地形の斉一変化説と表層崩壊

　地形の斉一変化説によれば、過去は将来の鏡であり、過去の長い間に繰り返されてきた斜面崩壊は将来も継続して発生する。特に、地形と気候が現在とそれほど違わず、その延長上に現在がある過去1万年（完新世または後氷期と呼ばれる）の崩壊履歴を知ることは、今後の崩壊予測に役立つと期待される。

　日本のような湿潤温暖帯の、土層や樹木に覆われた山腹斜面では、図 1.13 に示すように豪雨に伴う表層崩壊が斜面変化の主要な削剥（侵食）プロセスと考えられている（守屋、1972 など）。また、Shimokawa (1984)が指摘するように、山腹斜面を注意深くみると、図 1.14 のような新旧の崩壊面と思われる数十 cm から 1m 程度の深さの凹地が至る所にみられる。このように、表層崩壊は特別の斜面での特別の現象ではなく、普通の斜面でみられる、ありふれた現象である。

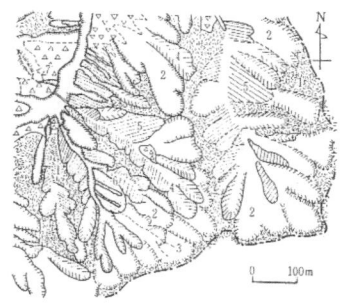
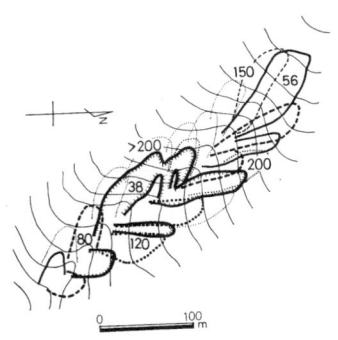

1. 凸斜面，2～4 山腹崩壊斜面（2. 平底型，3. 平底雨溝型，4. V字型）5～6 渓岸崩壊斜面（5.平面型，6. 雨溝型），7. ガイスイ（輪郭が破線で描かれているものは，形成期が古いものを示す）

図1.13　崩壊地形分類図の一部分（守屋、1972）

図1.14　1次谷の小沢における崩壊跡地の分布図（数字は前回の崩壊後の経過年数）（Shimokawa、1984）

◇過去1万年の崩壊発生傾向と崩壊の再現期間（周期）

　過去1万年の崩壊発生の傾向に関して、崩壊が多発した時期を示唆する研究成果（宮城ほか、1979）もあるが、一般的には崩壊はこの期間を通じて一様に発生しており、現在もその傾向が続いていると推定されている（吉永・西城、1989；Reneau et al.、1989；清水ほか、1995）。すなわち、過去1万年は、多少の温暖期はあったものの現在と同様の気候が継続しており、崩壊の再現期間を規定すると考えられる誘因（豪雨）の発生頻度と素因（土層）の生成速度に、格別の変化がなかったようである。これに関連して、小口（1991）は最終氷期の末期（約13000年前）から現在までの間に形成された扇状地の堆積量を計測し、平均的な土砂移動（生産）速度が、ダムの堆積速度から推定される現在の速度とほぼ等しいことを示した。これらの土砂の生産源と考えられる崩壊についても、過去1万年は一様に発生しているものと推定される。

免疫性の有効期間や崩壊の再現期間については、火山灰・樹木の年輪・放射性炭素などの年代測定技術(後述)の進歩により具体的に示されるようになった。それらの研究成果(Shimokawa、1984；下川ほか、1989；柳井・薄井、1989；吉永・西城、1989；清水ほか、1995)を図1.15にまとめて示す。

調査場所は全国各地に分布しているが、崩壊の再現期間は10年程度から数千年と、地質や傾斜に応じて非常に幅が広い。崩壊の再現期間は全体として傾斜の増加と共に短くなっているが、同時に地質によっても大きく影響されている。シラスや第三紀の泥岩、あるいは基盤の風化の進んだ花崗岩の場合には、崩壊後の土層の回復が速いために、崩壊の再現期間が数十年～数百年と比較的短いのに対し、中・古生層の場合には、崩壊後の土層の回復が遅いために、崩壊の再現期間が600年ないし1000年以上と相対的に長くなっているものと考えられる。

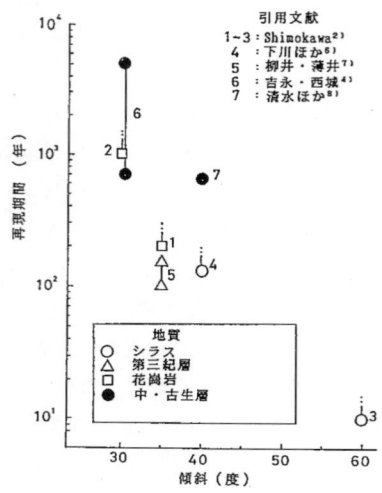

図1.15 地質ごとの傾斜と崩壊再現期間の関係(飯田、1996)

一方、柳井(1989)は図1.16に示すように、谷壁斜面の形状を凸型(ⅡA)・平衡(直線)型(ⅡB)・凹型(ⅡC)の3タイプに分け、凸＞平＞凹の順に、より古い火山灰が残されていることを示した。そして、傾斜だけでなく斜面の形状、特に集水性が斜面の安定性(安定期間)に大きく影響することを指摘し、図1.17のような斜面変化の概念図を示した。

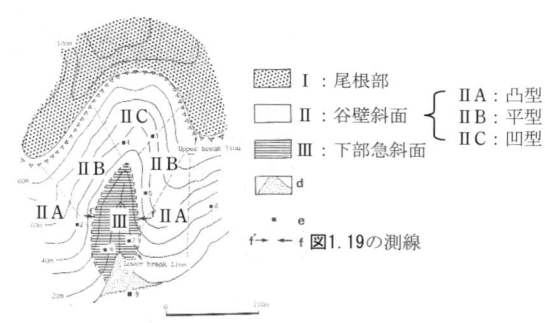

図1.16 斜面の分類図(柳井、1989の図を改変)

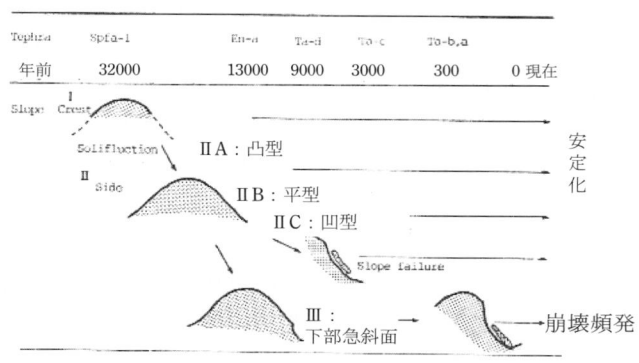

図1.17 北海道中央部における斜面発達概念図
(柳井、1989の図を改変)

これは、厳密には斜面形状による安定(侵食されない)期間の違いを示したものであるが、主要な侵食プロセスとしては表層崩壊が想定されるので、その周期(再現期間)の違いとみなすこともできよう。この図は、凹型斜面(0次谷)が凸型斜面や平衡(直線)型斜面よりも崩壊しやすい(崩壊の再現(安定)期間が短い)という経験的事実とも合う。

以上のことからも、崩壊の再現期間を決める要因は、豪雨(誘因)よりもむしろ地質や地形(素因)であると言えよう。

1.4 斜面の形成時期と斜面崩壊
(1) 後氷期開析前線の下部斜面と斜面崩壊

今から2万年前の最終氷期には、海面が現在よりも100m以上低下しており、日本の高山の多くは周氷河気候の環境下にあった。そのころは豪雨の頻度も現在と比べて少なかったため、斜面崩壊よりもむしろ周氷河気候に特有な、凍結融解作用による土壌匍行など面的で緩慢な土砂移動が支配的であった。

その後、急激な気温の上昇が続いて海面が上昇を続け、過去1万年は、若干の変動はあるものの、気温も雨量も現在とそれほど違わない状態となった。そして、降雨の規模と頻度の増加により、図1.18に示すような河川の下刻と斜面下部での崩壊が盛んになり遷急線(下方に向けて急になる傾斜の変換線)が形成された。羽田野(1979)はこの遷急線を「後氷期開析前線」と呼び、崩壊が最も多発する場所として崩壊予測に役立つことを主張した。

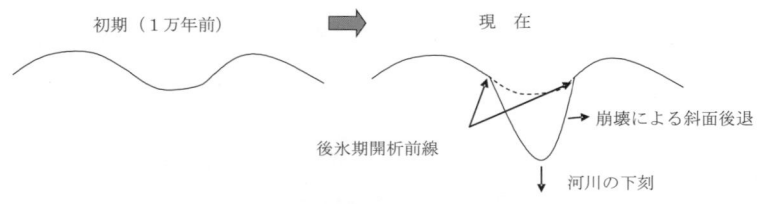

図1.18 後氷期開析前線模式図

以下に、後氷期開析前線の下部斜面における崩壊事例を示す。図1.19は、図1.16の後氷期開析前線の下部斜面に相当する下部急斜面（Ⅲ）の断面図であるが、ここには比較的新しい約300年前の火山灰（Ta-a、Ta-b）だけが分布していることから、崩壊の再現期間は数百年と推定される。

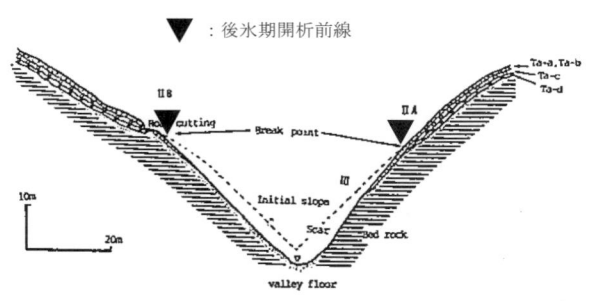

図1.19　後氷期開析前線の例（柳井、1989）（測線位置は図1.16のf-f）

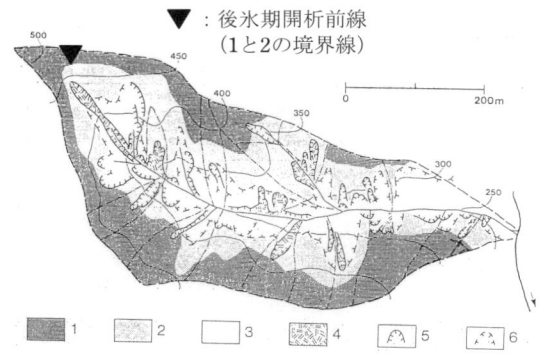

1：8000年前以降は非崩壊
2：8000年前〜320年前に崩壊、その後非崩壊
3：320年前〜30年前に崩壊、その後非崩壊
4：30年前以降に崩壊

図1.20　後氷期開析前線における斜面崩壊の例（清水ほか、1995の図を改変）

清水ほか(1995)による図1.20も同様の図である。彼らは後氷期開析前線の下部斜面に相当する斜面番号2、3、4について時期の異なる火山灰の分布状況を調べ、それぞれの分布面積を求めた。そして、降雨イベントごとに場所を変えながら、一定の面積で崩壊が発生して下部斜面の全面積をカバー(一巡)するというモデルにより、崩壊回帰年(＝再現期間)を650年と推定した。

後氷期開析前線下部の急傾斜面は、傾斜が急であるだけでなく浸透流が集まりやすいなど崩壊が発生しやすい条件を備えており、そこで崩壊が発生しやすいという羽田野の主張は分かりやすく、砂防学会など実学の分野でもスムーズに受け入れられ高く評価されたという(吉永、1992)。後氷期開析前線の認定に多少の職人技が必要とはいえ、崩壊の発生場所が限定されるからである。

◇後氷期開析前線と斜面崩壊の関係についての考え方の修正

しかし、羽田野の考え方は、その後の研究により修正を余儀なくされている。仙台付近における2地域の崩壊事例に関するTamura. et al.(2002)によると、図1.21に示すように、富谷丘陵では確かに後氷期開析前線の下部斜面で崩壊が多発したが、高舘丘陵では逆に、後氷期開析前線よりもむしろ上部斜面で崩壊が多発している。これは、崩壊要因として、後氷期開析前線の上か下かといった地形条件だけでなく、土層の分布といった地盤条件が重要であることを示唆している。

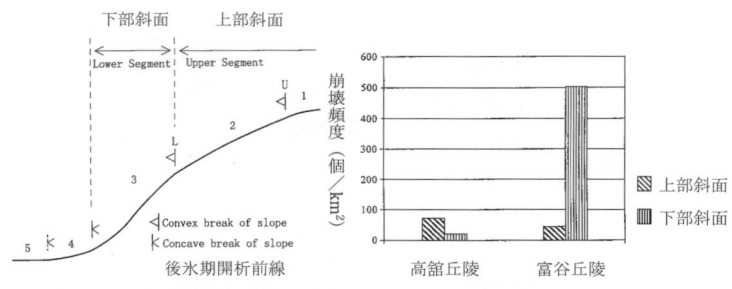

図1.21 後氷期開析前線の上部と下部の斜面における崩壊頻度比較
(Tamura et al., 2002)

吉永(1992)によると、全国的にみた場合、後氷期開析前線の上方の山腹斜面でも崩壊が発生していることが多く、単純に後氷期開析前線の下方だけで崩壊が発生するとはいえない。また、1 万年前よりも以前の周氷河気候下でも、量や頻度は小さいものの現在と同様の豪雨が発生しており、崩壊も発生していたと推定されている(吉木、1997 など)。後氷期開析前線と崩壊の関係については他にも多数の研究があるが、どのような条件下で羽田野の主張が認められるのか、その他の条件ではどうなのかといった包括的研究が待たれる。最近では GIS(地理情報システム)を用いた研究の一環として、精密な数値地図により自動的に後氷期開析前線を抽出して、斜面崩壊予測に役立てる実用的研究も進められている(小口ほか、2004)。

(2) 後氷期開析前線の上部斜面と斜面崩壊

前項では、1 万年前以降に形成された後氷期開析前線と斜面崩壊の関係について検討したが、ここでは斜面の形成時期全般に関する研究を紹介する。1 万年前以前に形成されたと推定される後氷期開析前線の上部斜面については、情報量が少なく未解明な部分が多いが、年代測定技術を用いた研究により形成時期が明らかにされつつある。これらの研究は、斜面の形成時期と崩壊との関係を明らかにするための研究の第一歩と位置づけられる。

◇遷急線による斜面区分

斜面ごとの火山灰の分布状況を詳細に検討した吉木(1997)によれば、最終間氷期(図 1.24 参照)よりも前から存在していた山地・丘陵の斜面は、図 1.22 の模式図に示すような、3 つの遷急線で区切られた 4 つの斜面単位(下から、斜面Ⅰ、Ⅱ、Ⅲ、Ⅳ)に分けられる場合が多いという。ただし、最上位の斜面Ⅳは、尾根部に断片的に分布し遷急線も不明瞭になっているため、斜面単位として特定するのは困難である。また、斜面Ⅳの多くには赤色風化殻(赤色土)がみられる。斜面Ⅱは分布頻度が小さく、図 1.23 のように、斜面Ⅱを欠いて斜面Ⅰと斜面Ⅲが直接隣接する場合も多い。

一般的に最下部の斜面Ⅰが最も急で、斜面Ⅱ、斜面Ⅲの順に傾斜が緩くなるが、起伏が大きい場合や侵食に対する抵抗力の大きな硬質基盤の場合には、斜面Ⅲでも40度以上の急傾斜面となっていることがある。斜面の規模は斜面Ⅲが最大であることが多い。

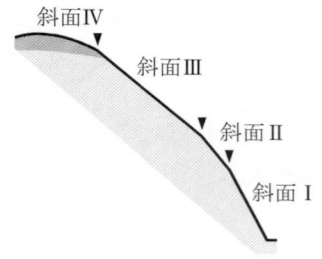

図1.22　日本列島の谷壁断面形の模式図（吉木、1997）

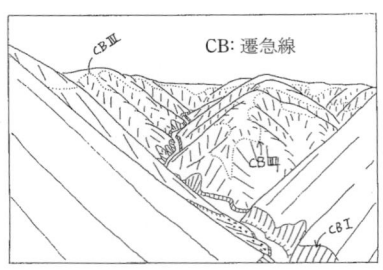

図1.23　斜面分類の例（吉木、1997）、広島県北部の中国山地（斜面Ⅱ、Ⅳを欠く）

◇斜面の形成時期と形成過程

　日本列島全域における（比較的長い斜面の断面図に共通する）複数の斜面の成因として、気候変動が想定されている。雨量や気温が現在とほぼ同様だったと考えられるのは、せいぜいこの1万年（縄文時代以降）である。第四紀と呼ばれる過去200万年あまりの間には、地球的規模で氷期（寒冷）と間氷期（温暖）という激しい気候変動が繰り返し何度も訪れたことが知られている。

　日本列島の場合、気温の変化だけでなく降水量も大きく変化し、氷期には少雨に、間氷期には多雨になった。そして山地の河川では、氷期には流量の減少により河谷の埋積が進み、間氷期には流量の増加により、その堆積物だけでなく谷壁が侵食されたことが明らかにされている。そして、新たな遷急線（侵食前線）を上限とする斜面が形成されたと考えられている。

　1万年前から現在までの期間は後氷期とも呼ばれる間氷期であるが、

前節の後氷期開析前線は谷壁侵食の例である。第四紀の中で比較的最近の気候による時代区分図を**図 1.24**に示す。氷期と間氷期は規則正しく繰り返されるわけではなく、その強さや期間はまちまちである。また、氷期の中で相対的に温暖な期間は亜間氷期と呼ばれている。

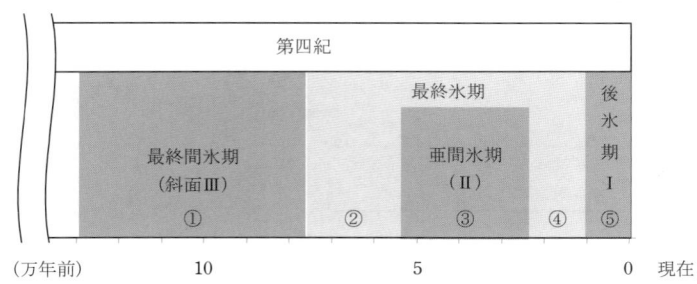

図 1.24 気候による過去十数万年の時代区分図

吉木(1997)によれば、斜面の形成時期は、斜面Ⅰが後氷期(1万年前から現在に至る間氷期)、斜面Ⅱが最終氷期中期の亜間氷期(5.5〜2.5万年前)、斜面Ⅲが最終間氷期(13〜7.9万年前)である(斜面Ⅳは割愛)。しかも、それぞれの斜面が形成された後の侵食はわずかで、そのときの斜面が大きく変化することなく現在まで残されている。

斜面Ⅰは前節に紹介した後氷期開析前線の下部斜面に相当する。そして、現在の斜面起伏の大半は斜面Ⅲに規定されており、斜面Ⅱと斜面Ⅰは、いずれも斜面Ⅲを多少修飾する程度の侵食によって形成されたにすぎない。これらの成果をもとに、各斜面の形成過程を推定した結果を**図 1.25**(①〜⑤)に示す。その際、以下の仮定を置いた。

【複数の斜面形成過程の仮定】
 ⅰ) 初期地形(①の一点鎖線):最終間氷期の前(13万年前以前)の地形は、その面自体には侵食作用が働かない小起伏緩斜面とする。
 ⅱ) 間氷期と亜間氷期の侵食(①、③、⑤の破線):河川流量の増加により、河床の低下が進行して急傾斜の谷壁斜面が形成される。

さらに、降雨の増加に伴う斜面崩壊の増加など、斜面独自の作用により上部斜面を侵食しながら緩傾斜化し、その上限は遷急線として上部へと移動する。谷壁斜面の緩傾斜化は、地盤の強度(風化度)に応じた傾斜まで進行するが、その後は侵食が停止して原形が維持される。

iii) 氷期の侵食停止(②、④)：河川流量の減少により、河床の低下と斜面の侵食が停止する。

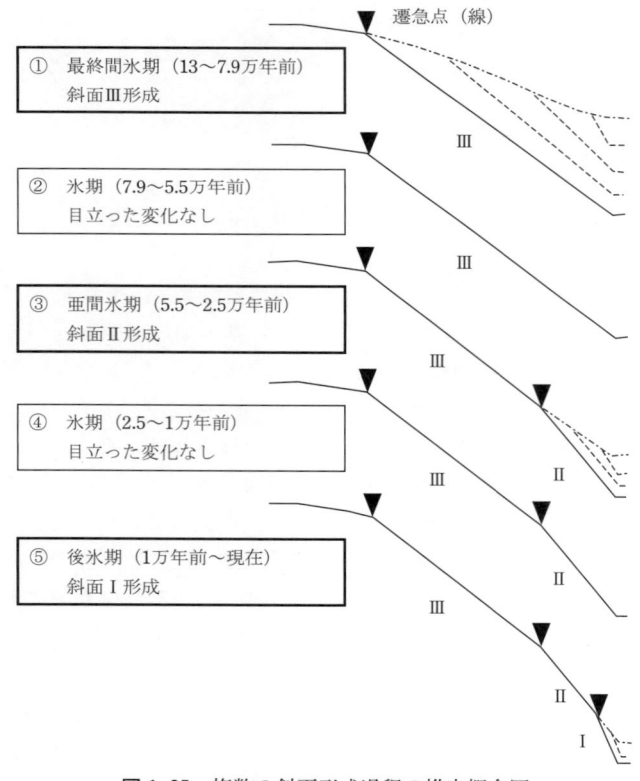

図 1.25　複数の斜面形成過程の推定概念図
　　　　(番号①〜⑤は図 1.24 の番号に対応)

なお、図1.25は簡略化した模式図であり、実際には土壌匍行などによる従順化作用（斜面の角が取れて丸くなる作用）により、遷急線が不明瞭になる。また、地形や地質の条件によっては後氷期の侵食量が大きく、斜面Ⅰが斜面Ⅱを侵食して、図1.23の例のように、斜面Ⅰと斜面Ⅲが直接接する場合も多い。

斜面Ⅰ、Ⅱ、Ⅲの順に傾斜が緩くなる理由としては、間氷期や亜間氷期の気候の強さ（降雨の量や頻度）や期間の長さ（斜面Ⅰ：1万年、Ⅱ：3万年、Ⅲ：5万年）の違い（一般に、斜面は時間の経過とともに緩傾斜化する）、あるいは地盤の隆起速度の違いの影響（隆起速度が大きいほど急傾斜となる）などが考えられるが、それ以外に、基盤岩の風化度による安定傾斜の違いも挙げられよう。

一般に、斜面の上部ほど風化が進行しているので、斜面Ⅲ、Ⅱ、Ⅰの順に風化程度が大きく、地盤の強度が低下していると考えられる。そして、斜面が安定する傾斜は、地盤の強度が低下するほど緩くなるために、斜面Ⅰ、Ⅱ、Ⅲの順に傾斜が緩くなったものと推定される。

図1.26の模式図のように、長大な切土斜面の設計では、硬岩→軟岩→土砂と風化の進んだ斜面の上部ほど緩い傾斜にするのが一般的であるが、同じ理由による。

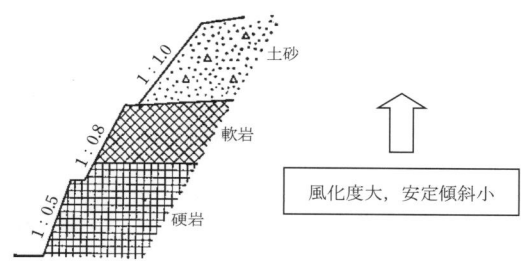

図1.26 長大な切土斜面における地盤の強度と安定傾斜角度の模式図
（日本道路協会、1979）

◇斜面Ⅰ、Ⅱ、Ⅲと現在の斜面崩壊との関係

後氷期開析前線の下部斜面に相当する斜面Ⅰでは、斜面崩壊が多発するために前節で紹介したような多くの研究がなされている。一方、斜面Ⅱ、Ⅲに相当すると考えられる斜面でも、急傾斜の場合には現在でも崩壊が発生することが指摘されている(宮城・田村、1987；吉永、1992；吉木、1997；田村ほか、1999)が、研究事例は多くない。

どの斜面が最も崩壊しやすいのかについて、吉木と同様に遷急線による斜面分類と崩壊の関係を検討した田中(1994)は、「斜面の性質や発展段階により、崩壊の発生位置が異なってくる可能性が大きい」と指摘しているが、具体的な斜面分類と崩壊の関係や、斜面ごとの崩壊の特徴についてはよく分かっていない。今後は、まず地域ごとにⅠ、Ⅱ、Ⅲの斜面分類を行い、斜面ごとに崩壊の頻度、崩壊予備物質の分布や成因等を、地質や地形など他の要因と併せて比較検討することで、斜面Ⅰと同様に、今後の崩壊予測に役立つ情報が得られることが期待される。

1.5　ハゲ山と表層崩壊—人間活動の影響—

斜面の崩壊に対する人間活動の影響については、これまで断片的な知識しかなく、それほど重要であるとは考えられていなかった。しかし、塚本(2001、2002a、2002b)は豊富な現地調査に裏付けられた直感と、わが国の森林破壊の歴史に関するタットマン(熊崎訳、1998)らの研究成果をもとに、人間活動が表層崩壊の発生に大きな影響を及ぼしたことを明らかにした。要約すると以下のようになる。

◇日本の森林荒廃史

現在の生活からは想像もつかないが、20世紀の半ばに至るまで、人間生活の衣食住すべてにわたって森林(バイオマス)に対する依存性は非常に大きく、里山を中心として大規模な樹木の伐採等、森林破壊が行われていた。わが国では特に古代と近世にそれが激しかったが(タットマン、1998)、塚本はそれに太平洋戦争前後を加えた3度の森林破壊期に崩壊や侵食が多発して各地にハゲ山が広がったとした。森林荒

廃をもたらした森林利用の時代ごとの特徴は以下のとおりである。
  ・古代(600〜850年)：大規模建築物用。ただし、近畿地方に限定
  ・近世(1570〜1670年)：たたら(製鉄)用、照明用
  ・太平洋戦争前後(1940〜1950年)：戦争用材や復興用材

 森林破壊は、現在でも世界各地でみられるように、樹木の伐採・落ち葉掻き・芝草刈・根株掘り起こし・焼畑など地表被覆の破壊を含め様々な形で行われた。いずれも樹木の斜面崩壊防止機能や土壌侵食防止機能を破壊することで、表層土の激しい流亡を引き起こした。その最終結果として、特に全国各地の花崗岩と新第三紀層からなる小起伏山地においてハゲ山が広がった。

 この現象を分かりやすく示すため、塚本は健全な森林がハゲ山に至る過程と、逆にハゲ山から健全な森林へと回復する過程について、時間的な変化と空間的な分布を統一的に説明するハゲ山モデルを提案した。なお、裏付けとなる山地での水文現象や侵食現象に関する植生の具体的な影響や効果については塚本の著書(1998)「湿潤変動帯の水文地形学」に詳しい。

◇ハゲ山形成期のモデル(**図1.27**の左図)
 ハゲ山形成期には森林から集落に向かって、(A)森林健全域→(B)森林根系劣化域→(C)ハゲ山フロント域→(D)ハゲ山域が同心円的に分布する。また、健全な森林がハゲ山まで変化する時間的変化過程も同じ順に進行する。ここで、(A)森林健全域は森林も土壌も十分に発達した地域、(B)森林根系劣化域は伐採や山火事などにより、土層はあるが樹木の根系が劣化して表層崩壊が発生しやすい地域、(C)ハゲ山フロント域はハゲ山形成の最前線で表層崩壊と表面(土壌)侵食が最も激しい地域、(D)ハゲ山域は森林も土層もほとんどなくなり、基盤の表面(直接)侵食のみが働いている地域である。

◇ハゲ山回復期のモデル(**図1.27**の右図)
 一方、ハゲ山回復期の時間的変化過程としては、(B)森林根系劣化域はそのまま(A)森林健全域に戻るが、(C)ハゲ山フロント域と(D)ハゲ山域は(E)ハゲ山回復途上域を経由して(A)森林健全域に戻る。ここ

で、(E)ハゲ山回復途上域は土層と森林の両方が回復しつつあるため、表層崩壊が発生しやすい地域である。

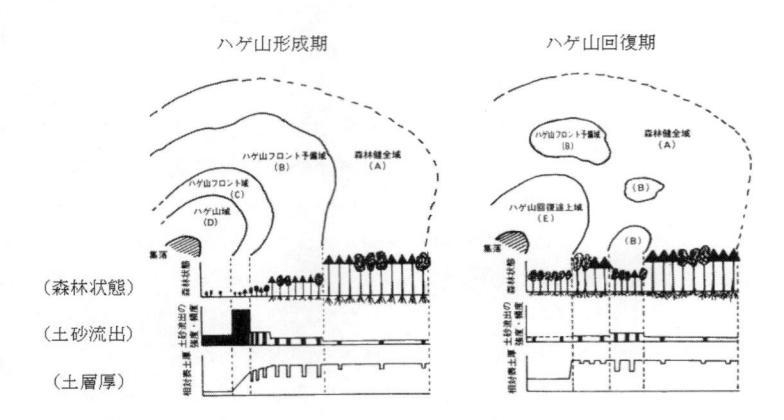

図1.27 ハゲ山モデル―ハゲ山の形成と回復の過程―(塚本、2002a)
(塚本氏の私信によれば、「(B)ハゲ山フロント予備域」は「森林根系劣化域」と修正された)

◇最近のハゲ山と表層崩壊の歴史

このモデルを近世以降のわが国の状況にあてはめた場合、以下の時代区分ができる(**図1.28**)。

① ハゲ山フロント域時代(〜1900)
② ハゲ山域時代(1900〜1950):ハゲ山の面積が歴史上最大
③ 森林根系劣化域時代(ハゲ山回復途上時代含む)(1950〜1990)
  :林齢30年以下
④ 森林健全域時代(1990〜):林齢30年以上。

これは各時代の代表的な分布域によって時代を区分したものである。特に、③森林根系劣化域時代(ハゲ山回復途上域を含む)の昭和30〜60年代に、全国各地で異常なほど多発した表層崩壊の多くは、自然のサイクルとしてのものではなく、人為的な樹木の伐採に起因したものであった。さらにハゲ山がほとんど姿を消して森林健全域時代となった

1990年以降は、自然サイクルの単発的な崩壊(最近目立ってきた深層崩壊を含む)に移行してゆき、崩壊予測がより困難となってきた。そして、空間的・時間的にハゲ山モデルのどの段階にあるのかを検討しておくことは防災上重要である。以上が塚本の研究の要約である。

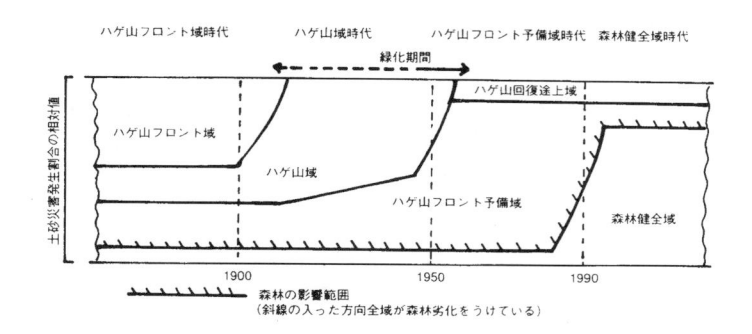

図1.28 ハゲ山モデル構成域の土砂災害発生割合の時代変化(塚本、2002b)
（同じく、「ハゲ山フロント予備域」は「森林根系劣化域」と修正された）

◇表層崩壊予測に関するハゲ山モデルの意義

　ハゲ山と表層崩壊の関係について、塚本のハゲ山モデルは、表層崩壊を森林からハゲ山に至る過程と、その逆の過程の過渡的現象と位置づけており、分かりやすい。ちなみに、ハゲ山化が進行する様子は、奈良で毎年1月の夜に実施される「若草山の山焼き」を連想させる。これは、春の新芽の成長を促すために丘陵の雑草を焼き払う年中行事である。全山が真っ赤に燃えている観光写真は長時間露光により撮影されたものであり、実際には山火事の前線だけが燃えていて、前線の過ぎた後は黒く焼け残った燃えカスが残されている。山火事前線がハゲ山フロント域、黒く焼け残った部分がハゲ山域に相当する。山焼き前線と同様に、ハゲ山フロント域は場所的にも時間的にも限られたものである。

塚本の研究の中で、特に昭和30〜60年代に全国各地で多発した表層崩壊の多くは、人為的な樹木の伐採に起因していた、つまり、これまで自然災害と思われていたものが実は広い意味での人災であったという指摘は衝撃的である。塚本は昭和40年代以降に頻発した土砂災害に対して、防災対策という1点で大きな遅れをとったとし、「もし、ハゲ山移行予備域（＝森林根系劣化域）に類するものが昭和40年代前半に認識されて、表層崩壊・土石流を多発する危険性が極めて高く、"都市周辺の若齢広葉樹林の山は危ないぞ"という雰囲気になっていたら、人的犠牲者数だけでも変わっていたのではないか」との反省を込めた文章を記している（塚本、1999）。

　当時、全国で豪雨による斜面崩壊が発生するたびに、崩壊要因や限界雨量などの研究がなされたが、塚本の指摘から、これらの研究成果については再検討が必要なことや、そのままの形では将来の崩壊予測に使えないことなどが導かれる。今後は、森林健全域が増えて斜面災害が減少するにつれて、自然サイクルとしての崩壊が相対的に重要になるため、地形学的観点からの崩壊研究の重要性が増してくるものと思われる。

◇ハゲ山化に関する自然力と人間力

　塚本の研究から、ハゲ山化に関して以下のことが言える。

① 現在のわが国のような、樹木の生育に好都合な湿潤温暖気候のもとでは、山地（高山を除く）は森林に覆われており、斜面崩壊などで森林が局所的に破壊されても自然に回復する。

② ただし、特に花崗岩や新第三紀層の場合、人間の影響でいったんハゲ山化した地域を森林に戻すのは自然の力だけでは困難であり、植林や砂防工事など人間の力が必要である。

③ 森林破壊の程度に応じた、自然の力と人間の力の相対的力関係により、森林化するかハゲ山化するかが決まる。

④ 森林破壊の程度には、自然の力だけでハゲ山化が進行するのか、森林に戻るかの分岐点（森林・ハゲ山分岐点）がある。

これらをもとに、ハゲ山モデルの進行過程を自然要因（自然力）と社

会要因(人間力、塚本(2001)の言う人間圧＝生活圧＋産業圧と同じ)により概念的に示したのが**図1.29**である。

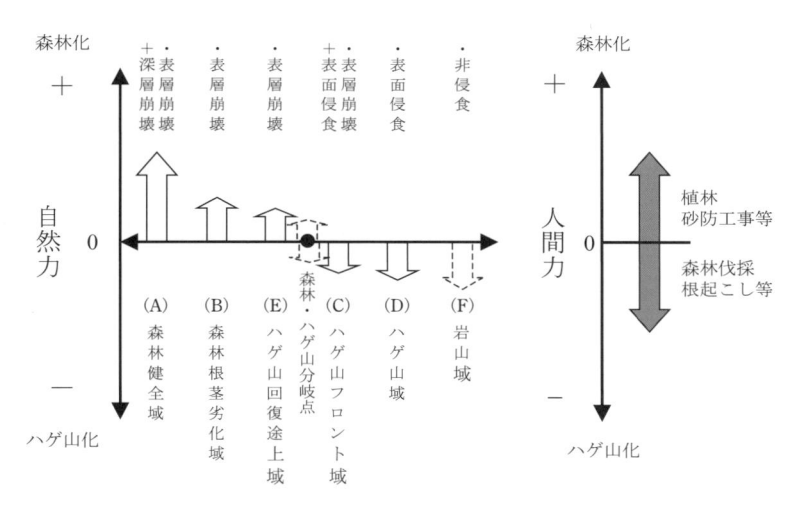

図1.29 自然力、人間力とハゲ山化の関係に関する概念図

ハゲ山に関する自然要因としては、地質(土質)と気象(降水量や気温など)が想定されるが、左側の図はそれらの合力としての自然力が正のときに森林の健全化が、負のときにハゲ山化がそれぞれ進行することを表している。自然力の大きさは白抜き矢印の長さで示されている。また、森林・ハゲ山分岐点は(B)森林根系劣化域と(C)ハゲ山フロント域の間にあると考えられるので、ここでの自然力は同じ大きさの正負の力が働き、差し引きゼロとした。なお、塚本のハゲ山モデルにはないが、ハゲ山がさらに進行して風化帯が除去され岩山がむき出しになった状態として(F)岩山域を追加した。

わが国の歴史では、ハゲ山化が激しくなると、早晩樹木の伐採禁止や植林など何らかの対策がとられており、また一般に風化層が厚いために、自然の状態でハゲ山の侵食が進んで岩山になるかどうか不明だ

が、外国の乾燥地域ではそのような岩山は多々みることができる。わが国でも岩山化が進行する特殊な地質として、石英斑岩が挙げられている(小出、1955)。

当然のことながら、森林・ハゲ山分岐点に対応する森林根茎の劣化の程度は植物の環境により異なる。例えば植物の生命力が盛んな熱帯地域やハゲ山化しにくい中古生層では、根茎の劣化がかなり進んだとしても、自然に森林へと回復することができるが、植物に対する環境が厳しい高山地域やハゲ山化しやすい花崗岩では、根茎の劣化がある程度進むと、自然には森林へと回復できないものと推定される。

以上の自然要因と同様に、森林に関する社会要因の人間力についても、図1.29の右図のように、植林や砂防工事による森林化の力を正、樹木伐採、根起こし等ハゲ山化の力を負として表現できる。そして、人間力と自然力の正味の合力で森林化するかハゲ山化するかが決まる。

図1.30は森林・ハゲ山分岐点を峠と見立てて、ハゲ山モデルの各段階を斜面上に位置づけたものである。重力(自然力、白抜き矢印)が作用しているので、峠を越えるためにはそれに打ち勝つ人の力(人間力、黒矢印)が必要となる。図には(B)森林根系劣化域がハゲ山化に向かう場合(分岐点の左側)と(D)ハゲ山域が森林化に向かう場合(分岐点の右側)が示されている。

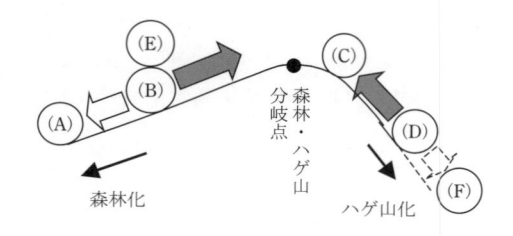

図1.30 森林・ハゲ山分岐点とハゲ山モデルの関係の模式図

◇ハゲ山モデルと森林・地表被覆・土層・風化帯・基盤岩の関係

ハゲ山モデルによれば、(A)森林健全域の地表面の被覆状況は**図**

1.31(A)のように、上から樹木の層・被覆層(A0層、落葉、下草)・土層・風化層・基盤岩という5つの層から構成される。ハゲ山進行時には(B)森林根系劣化域、(C)ハゲ山フロント域、(D)ハゲ山域の段階ごとに上部の層から劣化が進み順に除去される。また、逆にハゲ山から森林への回復時には、(E)の図のように風化層・土層・被覆層・樹木が時間とともに回復してゆく。ただし、ハゲ山形成期の森林や土層の破壊時間に比べてハゲ山回復期の土層や風化層の回復時間は桁違いに長く、森林⇔ハゲ山の変化過程にはヒステリシス(履歴現象)がある。

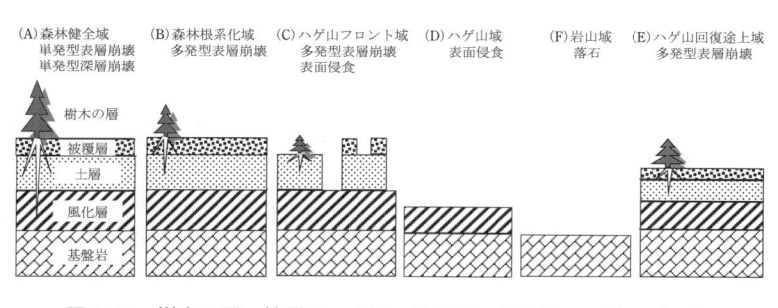

図1.31 樹木の層・被覆層・土層・風化層・基盤岩の5層モデルと主な侵食様式

◇ハゲ山と表層崩壊の関係

　最後に、改めてハゲ山と表層崩壊の関係を整理すると、表層崩壊は過渡的な状況、すなわちハゲ山形成期の(B)森林根系劣化域と(C)ハゲ山フロント域および ハゲ山回復期の(E)ハゲ山回復途上域で多発する。これより崩壊予備物質としての土層の存在と土層を支える根系の弱さが多発型表層崩壊の素因となっているのは明らかである。2.3節に示す崩壊跡地での土層回復の研究(下川、1983など)から、ハゲ山形成期の主な崩壊予備物質は、森林健全域時代に長い時間をかけて生成された厚い風化残積土と推定される。

　一方、ハゲ山回復期の主な崩壊予備物質は、ハゲ山時代に比較的短い時間で生成されて斜面に残された堆積土(運積土)と推定される。ち

なみに、雨滴や表面流による表面侵食については、被覆層の有無が大きな影響をもっており、その層が除去された(C)ハゲ山フロント域と(D)ハゲ山域で侵食が盛んになる。そして(D)ハゲ山域の侵食速度は、最終的には基盤岩の風化速度に規定される。

1.6 崩壊しやすい地形・地質

表層崩壊と地形・地質との関係に関してこれまで多数の研究がなされてきたが、総合的に判断すると、崩壊しやすい地形・地質として以下のものが挙げられる。

　ⅰ) 0 次谷(谷型斜面)

尾根型斜面や平滑斜面と比べて豪雨時に地中水が集中する谷型斜面(図1.32)で崩壊が発生しやすいことは、田中(1963)や竹下(1971)などにより以前から指摘されていたが、塚本(1973)はこれを1次谷の延長上にある谷(谷頭部)の発達プロセスと捉えて0次谷と呼び、豪雨による斜面崩壊の大部分がここで発生することを指摘した(谷の次数については2.1(5)節参照)。谷型斜面と尾根型斜面の比集水面積(単位長さの等高線当たりの集水面積)の大きな違いの例を図1.32に示しているがその差は歴然としている。

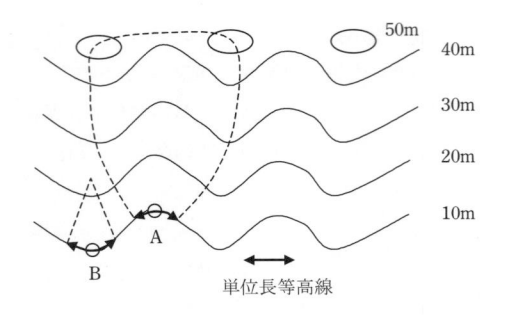

図1.32　0次谷の模式図
(谷型斜面(A)と尾根型斜面(B)の比集水面積(破線)の違い)

ii) 後氷期開析前線の下部斜面

これについては、1.4節で示したとおりである。

iii) 地形的滑動力示数(傾斜・比集水面積の程よい組み合わせ)

羽田野(1976)は、従来から重視されてきた傾斜だけでなく比集水面積の重要性を指摘し、以下の地形的滑動力示数 F_5 による崩壊場所の予測方法を提案した。

$$F_5 = \tan\theta \cdot a^{1/3} \tag{1-2}$$

ここで、θ：斜面の平均傾斜、a：比集水面積(斜面下部の等高線に沿った基線長5m当たりの集水面積/5m＝集水域平均奥行き)である。

羽田野は、各地で発生した崩壊地域において、崩壊斜面と非崩壊斜面のそれぞれについて分析を行い、図1.33に示すように、両対数グラフにプロットした F_5 の値が、崩壊斜面はある幅の右下がりの領域に収まり、非崩壊斜面はその領域からはずれることを示した。これは、崩壊の発生に必要な斜面傾斜と浸透流の集まりやすさを示す比集水面積の関係が相補的であり、比集水面積の大きな斜面では緩い傾斜でも崩壊し、比集水面積の小さな斜面では急な傾斜でしか崩壊しない、ということを表している。

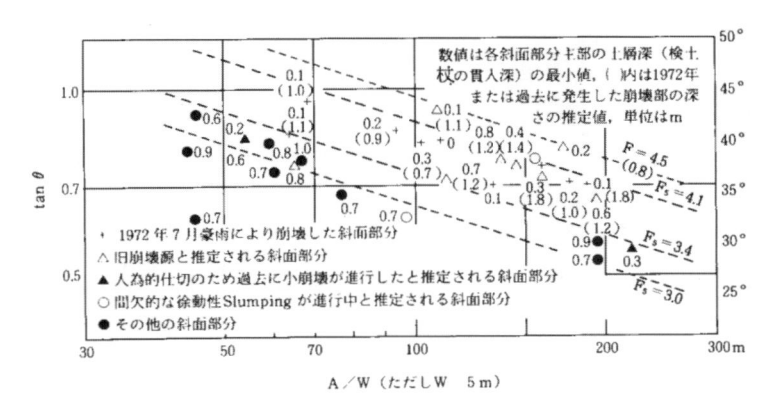

図1.33 地形的滑動力示数の説明図(羽田野、1976)

さらに、F_s が崩壊領域の中にあるにもかかわらず崩壊していない斜面の土層は比較的薄いことを示した。これは、崩壊の発生には傾斜および比集水面積という地形と土層深の両方の条件が重要であることを意味する。さらに、沖村(1983)は数値地図を用いて、より客観的に地形的滑動力示数の有効性を示した。

iv) 土層と基盤の境界がシャープな地盤構造(透水性の不連続)

昭和47年(1972)に愛知県旧小原村で発生した集中豪雨による土砂災害では、隣接する花崗岩と花崗閃緑岩という2種類の地質の違いにより崩壊の頻度に大きな差が生じた(矢入ほか、1973)。すなわち、同じ程度の豪雨に見舞われたにもかかわらず、単位面積当たりの崩壊頻度は、花崗閃緑岩よりも花崗岩の方が圧倒的に多かった(図1.34)。

図1.35の地層断面比較図に示すように、花崗閃緑岩では基盤自体が風化しており、基盤と土層の境界が判然としない(遷移層が厚い)のに対して、花崗岩では土層と基盤の境界がシャープであることが崩壊頻度の差として表れたものと考えられる。これは主に斜面崩壊の直接の引き金となる飽和側方浸透流の発生しやすさに起因するものと推定されるが、これに関しては2.1(2)節で詳しく検討する。

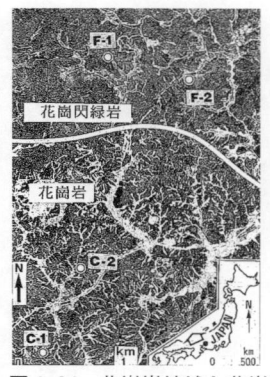

図1.34 花崗岩地域と花崗閃緑岩地域における崩壊密度の比較(恩田、1996)

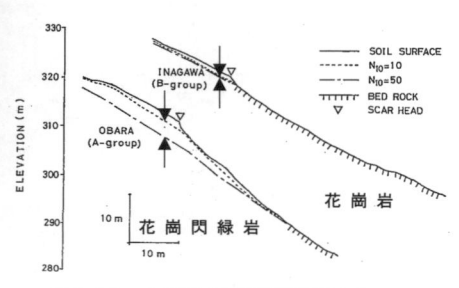

図1.35 小原村の花崗岩(粗粒)と花崗閃緑岩(細粒)の地盤断面比較図(飯田ほか、1986)

矢印の間が遷移層($10 < N_{10} < 50$)

v）土層の生成速度が速い風化花崗岩・シラス・第三紀層

　地質と崩壊に関しては、風化花崗岩やシラス、あるいは第三紀層といった比較的風化しやすい地質が、中・古生層といった風化しにくい地質よりも崩壊しやすいことが知られている（**図 1.15** 参照）。風化しやすい地質では、崩壊予備物質の再生速度が比較的速いために、崩壊周期も短くなっているためと考えられる。なお、1.5 節で示したように、風化花崗岩と第三紀層はともにハゲ山化しやすい地質でもあり、ハゲ山と斜面崩壊が密接に関係している。

vi）適度な土層深

　斜面崩壊と土層深の関係は簡単ではなく、土層深や風化帯に関しては、薄すぎても、また逆に厚すぎても崩壊しにくいことが指摘されている（田中・沖村、1968；恩田、1989）。土層深が小さいと、駆動力が減り、木の根が基盤の亀裂に入り込むことで土層の保持効果が増加して安定化するが、逆に浸透水によって飽和しやすい。一方、土層深が大きくなると、駆動力が増えて、根茎による土層の保持効果が作用しなくなり不安定化するが、逆に浸透水による飽和が発生しにくくなる。これには当然、iv）の土層と基盤の境界のシャープさも関係している。

vii）無植生または若い樹齢

　わが国は温暖で雨量が多く植生の成長に適した気候なので、ほとんどの斜面は樹木に覆われている。そのため、樹木による崩壊抑止効果を実感しにくい。しかし、山火事や伐採により樹木がなくなったときに崩壊しやすくなるため、樹木がその効果を持つことは明らかである。

　前項で示したように、塚本（2001、2002 a, b）は、特に昭和 30～40 年代に各地で多発した豪雨による斜面災害の多くは、自然の斜面発達過程ではなく、人工的な樹木の伐採に大きな原因があったことを指摘した。同様のことは太田（1998）も指摘している。鈴木（2007）によれば、わが国では 1950 年代から 1970 年代前半までの「拡大造林」期に広い面積で森林伐採と植林が行われた。そして**図 1.36** に示すように、1980 年代初めまでは根の抵抗力が小さな若齢林（植栽後 5 年から 20 年の林）が大きな面積を占めていたが、2000 年を過ぎた頃には根の抵抗力の大

きな20年生以上の、いわば「人工林の団塊の世代」の林が大部分を占めるようになった。すなわち、人工林でも全体的に「少子化と高齢化」が進んでおり、わが国における表層崩壊のかつての多発と最近の減少傾向は若齢林の面積の違いによって説明できるという。

鈴木は「明治期」「戦後30年」「近年」の特徴的な土砂災害の形態を、それぞれ「表面侵食」・「表層崩壊」・「深層崩壊」としたが、これらは塚本のハゲ山モデルの「ハゲ山域」・「森林根茎劣化域またはハゲ山回復途上域」・「森林健全域」に対応すると思われる。

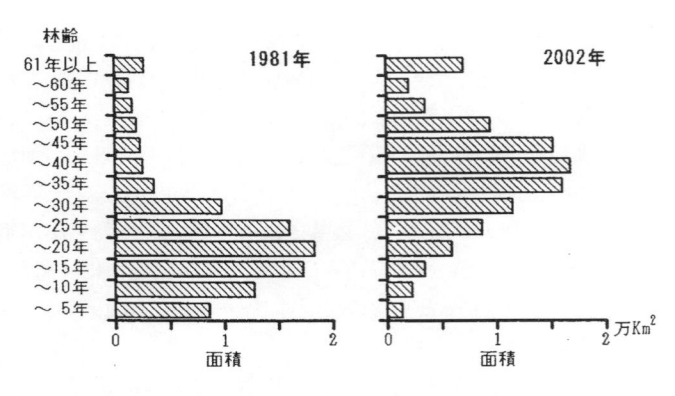

図1.36　1981年と2002年の人工林の林齢別面積の比較（鈴木、2007）

コラム　≪斜面崩壊の崩壊時期を推定する年代測定技術≫

地質学、地形学、考古学などの歴史科学は、20世紀に確立された各種の年代測定技術により、一気に進んだと言われている。斜面崩壊への応用はやや遅れるが、これらの技術を用いて、崩壊時期や崩壊周期(再現期間)を推定する研究が進められている。ここでは、斜面崩壊の研究で用いられる代表的な年代測定技術として、1)放射性炭素 ^{14}C、2)火山灰、3)樹木の年輪を用いた3つの手法の概要を紹介する。

1) 放射性炭素年代測定法

大気中のほとんどの炭素は安定な同位体炭素 ^{12}C からなるが、その中に極め

1. 長期的にみた斜面崩壊

て微量ではあるが一定の濃度(炭素全体に占める割合)の放射性炭素 ^{14}C が含まれている。一方、植物や動物といった生物は、生きている間は大気との間で炭素の交換(吸収と排出)をするため、体内の ^{14}C の濃度は大気の濃度とほぼ等しい。また、生物の体内に取り込まれた ^{14}C は、濃度に比例した速度で放射線を出しながら別の元素に変化してゆく(放射壊変)。そのため、生物が死んで炭素の吸収が停止すると、樹木や骨など生物の遺骸の ^{14}C の濃度は一定の割合で減少することになる。この原理を用いて生物の死亡時期を推定し、その遺骸を含む地層の堆積時期(崩積土の場合は崩壊時期)などを推定するのが放射性炭素年代測定法である。その際、以下の式が用いられる。

$$M = M_0 \exp(-0.693 t / T_{half}) \quad t = T_{half} のとき M = M_0 \exp(-0.693) = 0.5 M_0$$

ここで、M：^{14}C の濃度、M_0：死亡時の ^{14}C の濃度、t：死亡後の年数、T_{half}：^{14}C の半減期(約 5730 年)である。図1に ^{14}C の相対濃度(M/M_0)の変化を示す。実際には過去の大気中の ^{14}C の濃度が多少変化しているので、補正して実年代が推定される。

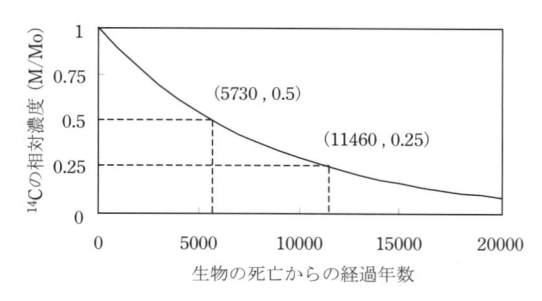

図1　^{14}C による放射性炭素年代測定法
(^{14}C の相対濃度は、半減期の 5730 年で 1/2、11460 年で 1/4 となる)

2) 火山灰編年学(テフロクロノロジー)

火山の噴火により広範囲に堆積する火山灰(テフラ)は、火山ごとに、また同じ火山でも噴火ごとに特有の性質を持つことが知られている。世界有数の火山国として、日本では過去に各地で多数の広域火山灰の噴出があり、起源となる火山、堆積(噴出)年代、火山灰の特徴等について数万年分のリストがつくられている(町田・新井、1992)。ある地層の上に成層した火山灰がみつかれば、その地層の上面は火山灰の堆積時の地表面であったと考えることができる。ま

た、火山灰が周辺には堆積しているのに、特定の場所だけ存在しない場合には、いったん堆積した火山灰がその後何らかの形で侵食されたと考えられる。このように、火山灰を用いて過去の諸現象の年代を推定する方法は火山灰編年学(テフロクロノロジー)と呼ばれている。

　火山灰を用いた斜面崩壊発生時期の解釈概念図を図2に示す。現在(③)の斜面での火山灰の堆積状況として、斜面1のように、火山灰A、Bともに堆積している場合は、火山灰Aの堆積以降現在に至るまで崩壊は発生していない。一方、斜面2のように、火山灰Bのみが堆積しているとすれば、火山灰Aの堆積時期とBの堆積時期の間で少なくとも1回の崩壊が発生したものと推定される。

　本手法が適用できるのは広域火山灰の分布域に限定され、また、年代の推定についても火山灰の堆積年の前か後かしか分からないといった精度の限界もあるが、この手法により多数の地域で斜面崩壊の周期や免疫期間が明らかにされたのは画期的である。

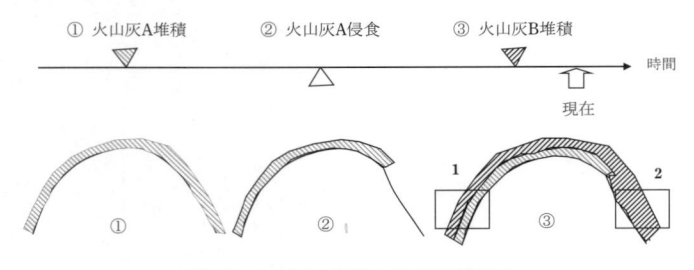

図2　火山灰の堆積と侵食の概念図

3) 年輪年代学(デンドロクロノロジー)

　図3に示すように、表層崩壊が発生すると、ほとんどの場合は土層と一緒にその上に生育していた樹木も除去される。そして、崩壊面には新たな草本や樹木の種子が進入をはじめ、時間の経過とともに土層や植生が回復してゆく。したがって、崩壊を繰り返す急斜面に関しては、そこで生育する樹木の最も長い樹齢が前回の崩壊からのおおよその経過時間と推定される。

　ここで、樹齢は年輪の数から容易に知ることができる。その際、成長錐と呼ばれる器具を用いて棒状試料を取り出せば、樹木を切り倒さずに年輪が読み取れる。また、クロマツなど毎年一段ずつ形成される枝の段数によっても樹齢が推定できる。2.3節で詳しく紹介するが、下川は、この手法を用いて花崗岩地域やシラス台地の崩壊面における植生の回復過程を詳細に検討した。そして、斜面崩壊の周期や土層の成長速度を明らかにすることで、この手法の有効性を

はじめて示した。

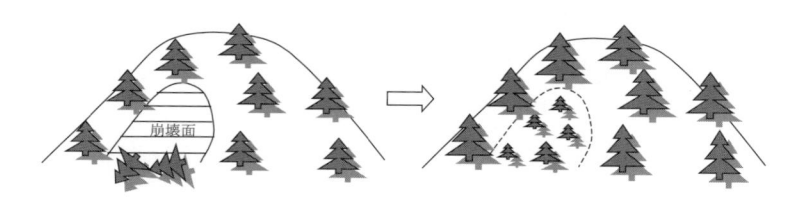

図3　表層崩壊の発生による土層や樹木の除去とその後の回復の概念図

　ちなみに、年輪の数だけでなく、年輪の幅(成長量)の変化パターンも雨量や気温といった気候の変化パターンを反映しており、重要な情報である。年輪の幅は樹木の種類や局所的な環境(日当たり・水はけ・土壌など)によっても大きく影響されるが、それらの影響を取り除いて気候の影響だけの変化パターンとして標準化し、さらに様々な時代の樹木の試料について共通する部分の変化パターンを重ねて継ぎ合わせることで、過去から現在までの標準年輪曲線を作成することができる。これは、いわば絶対年代のものさしとなる。そして古い樹木が発見された場合に、その樹木の年輪の変化パターンを標準年輪曲線と重ね合わせることで、樹木の絶対年代が年単位で特定できる。このように、樹木の年輪から年代を推定する方法は年輪年代学(デンドロクロノロジー)と呼ばれている。日本では過去 2000 年以上の標準年輪曲線が作成されており、斜面崩壊への応用が期待される。

　以上、代表的な年代測定技術として、放射性炭素 ^{14}C、火山灰、樹木の年輪を用いた技術を紹介した。これらはその他の年代測定技術と併せて互いにクロスチェックすることで、精度と信頼性の向上が図られている。各年代測定技術は一長一短があるが、それぞれの適用範囲は、概略以下のとおりである。
　① 放射性炭素年代測定法：数万年～数百年。
　② 火山灰編年学：数十万年未満。
　③ 年輪年代学：千年未満(標準年輪曲線を利用しない場合)。
　計測年の精度に関しては、^{14}C は数十年、年輪は 1 年、火山灰も 1 年単位で分かる場合もあるが、現象(崩壊)の発生年との関係について、何らかの解釈が必要となるので、結局は計測年の前か後かしか分からないことが多い。

参考・引用文献

1) 安仁屋政武(1968)：昭和42年7月豪雨による六甲山地の住吉川流域の山崩れと土石流、人文地理、20、pp.454〜470
2) 羽田野誠一(1976)：豪雨に起因する表層崩壊危険度調査の一手法、第13回自然災害科学総合シンポジウム講演論文集、pp.3〜4
3) 羽田野誠一(1979)：後氷期開析地形分類の作成と地くずれ発生箇所の予察法、砂防学会発表概要集、pp.16〜17
4) 羽田野誠一・大八木規夫(1986)：Ⅴ章 5.1.2節 斜面災害の発生し易い場所(場所の予測)問題を解く鍵、高橋博ほか編者、「斜面災害の予知と防災」、白亜書房、pp.96〜113
5) 林 拙郎(1985)：崩壊面積率と水文データとの二、三の関係、日林誌、67、pp.209〜217
6) 飯田智之(1996)：土層深頻度分布からみた崩壊確率、地形、17、pp.69〜88
7) 飯田智之・吉岡龍馬・松倉公憲・八田珠郎(1986)：溶出による花崗岩風化帯の発達、地形、7、pp.79〜89
8) 今村遼平・坊城智宏・豊原恒彦・中山政一(1975)：富士山大沢崩れの土砂流出と経年変化モデルの設定について(Ⅰ)、新砂防、No.95、pp.22〜34
9) 今村遼平(2007)：山地災害の『免疫性』について、応用地質、第48巻3号、pp.132〜140
10) 柿 徳一(1958)：流砂量と砂防計画について、新砂防、No.31、pp.19〜22
11) 小出 博(1955)：「山崩れ －応用地質Ⅱ－」、古今書院、p.20
12) 町田 洋・新井房夫(1992)：「火山灰アトラス－日本列島とその周辺－」、東京大学出版会、p.336
13) 守屋以智雄(1972)：崩壊地形を最小単位とした山地斜面の地形分類と斜面発達、日本地理学会予稿集、no.2、pp.168〜169
14) 宮城豊彦・日比野紘一郎・川村智子(1979)：仙台周辺の丘陵斜面の削剥過程と完新世の環境変化、第四紀研究、18-3、pp.143〜154
15) 難波宣士・秋谷孝一(1970)：「治山調査法」、千代田出版
16) 日本道路協会(1979)：「道路土工－のり面工・斜面安定工指針 改訂版」、丸善、p.140
17) 大村 寛(1982)：ガンマー分布モデルによる崩壊面積率の予測方法、新砂防、35、pp.31〜37
18) 沖村 孝(1983)：地形要因からみた山腹崩壊発生危険度評価の一手法、新砂防、35-3、pp.1〜8
19) 大八木規夫(1986)：Ⅳ章 斜面災害発生のメカニズム、高橋博ほか編者、

「斜面災害の予知と防災」、白亜書房、pp.85〜94
20) 小口 高(1991)：山地流域の侵食域と堆積域における最終氷期末期以降の土砂移動の量的検討、地形、12、pp.25〜39
21) 小口 高(研究代表者)(2004)：「高解像度 DEM を用いた後氷期開析前線の自動抽出と地形発達史への応用」、平成13〜15年度科学研究費補助金(基盤(C))研究成果報告書、p.147
22) 恩田裕一(1989)：土層の水貯留機能の水文特性および崩壊発生に及ぼす影響、地形、10、pp.13〜26
23) 恩田裕一(1996)：3.1.5節 地質による地中水の挙動と崩壊発生の違い、「水文地形学」(恩田裕一ほか編)、古今書院、pp.96〜99
24) 太田猛彦(1998)：森林と水、河川、2月号、pp.14〜23
25) Reneau,S.L.,Dietrich,W.E.,Rubin,M.,Donahue,D.J. and Jull,A.J.T. (1989) : Analysis of hillslope erosion rates using dated colluvial deposits:J. Geol.,97, pp.45〜63
26) 清水 収・長山孝彦・斉藤政美(1995)：北海道山地小流域における過去8000年間の崩壊発生域と崩壊発生頻度、地形、16、pp.115〜136
27) 下川悦郎(1983)：崩壊地の植生回復過程、林業技術、496、pp.23〜26
28) 下川悦郎・地頭園 隆・堀与志郎(1984)：花崗岩地帯における山くずれの履歴、日林九支研論集、No.37、pp.299〜300
29) Shimokawa, E.(1984) : A natural recovery process of vegetation on landslide scars snd landslide pertodicity in forested drainage basins:Proc. Symp. Effects of Forest Land Use on Erosion and Slope Stability, Hawaii, pp.99〜107
30) 下川悦郎・地頭園 隆・高野 茂(1989)：しらす台地周辺斜面における崩壊の周期性と発生場所の予測、地形、10、pp.267〜284
31) 鈴木雅一(2007)：最近50年の日本の森林変化と土砂災害発生の動向 －水循環を基礎として－、地下水技術、第49巻3号、pp.13〜16
32) 竹下敬司(1971)：北九州市門司・小倉地区における山地崩壊の予知とその立地解析、福岡治山報、1、pp.1〜85
33) タットマン・コンラッド(熊崎実訳)(1998)：「日本人はどのように森をつくってきたか」、築地書館
34) Tamura,T.,Li,Y.,Chatterjee,D.,Yoshiki,T.and Matsubayashi,T.(2002) : Differential occurrence of rapid and slow mass movements on segmented hillslopes and its implication in Late Quaternary paleohydrology in Northeastern Japan:Catena 48, pp.89〜105
35) 田中耕平(1994)：三重県松阪市院内川源流部における斜面の構造と崩壊の関係、地形、15-1、pp.17〜38

36) 田中 茂(1963):山地斜面の崩壊箇所の予想について、建設工学研究所報告、No.4、pp.147～161
37) 田中 茂・沖村 孝(1968):斜面表層の豪雨による崩壊の発生し難い条件について、第13回自然災害シンポジウム講演集、pp.237～238
38) Terzaghi,K(1950):Mechanism of landslides:Bulletin of the Geological Society of America, Engineering Geology, Berkey Volume, pp.83～123
39) 塚本良則(1973):侵食谷の発達様式に関する研究(I)－豪雨型山崩れと谷の成長との関係についてのひとつの考え方－、新砂防、87、pp.4～13
40) 塚本良則(1998):「森林・水・土の保全 －湿潤変動帯の水文地形学－」、朝倉書店
41) 塚本良則(1999):集中豪雨型表層崩壊・ハゲ山・治山砂防工事、砂防学会誌、Vol.52、No.1、pp.28～34
42) 塚本良則(2001):森林と表土の荒廃プロセス －小起伏山地におけるハゲ山の形成過程－、砂防学会誌、Vol.54、No.4、pp.82～92
43) 塚本良則(2002a):ハゲ山モデル －小起伏山地における森林と表土の荒廃・回復過程の分析－、砂防学会誌、Vol.54、No.5、pp.66～77
44) 塚本良則(2002b):土砂災害と対策の時代変化 －ハゲ山モデルによる小起伏山地の災害分析－、砂防学会誌、Vol.54、No.6、pp.43～50
45) 矢入憲二・諏訪兼位・増岡泰男(1973):47・7豪雨に伴う山崩れ －愛知県西加茂郡小原村・藤岡村の災害－、昭和47年度文部省科学研究費 自然災害科学の総合的研究、pp.6～15
46) 柳井清治・薄井五郎(1989):火山灰を指標にした斜面崩壊の年代的解析 －災害地域における過去300年間の崩壊発生履歴－、新砂防、42-1、pp.5～13
47) 柳井清治(1989):テフロクロノロジーによる北海道中央部山地斜面の年代解析、地形、10、pp.1～12
48) 吉木岳哉(1997):斜面の地形分類と編年に基づく湿潤温帯山地・丘陵地の気候地形発達史、東北大学理学研究科学位論文
49) 吉永秀一郎・西城 潔(1989):北上山地北部の完新世における百年・千年オーダーの斜面変化、地形、10、pp.285～301
50) 吉永秀一郎(1992):羽田野誠一の後氷期開析前線、TAGS(筑波応用地学談話会誌)、4、pp.57～68

2. 表層崩壊予備物質としての土層

　土層（風化層含む）は表層崩壊の主体として崩壊予備物質あるいは潜在崩土層（沖村・田中、1980）と呼ばれている。土層分布の実態解明は崩壊発生予測の重要な課題である。また、長期的にみると、崩壊が繰り返し発生するためには土層の回復が必要となるため、その生成速度や成因も重要である。

　本章では、事例研究により土層分布の実態を紹介し、他の研究成果も合わせて地形学的観点から崩壊との関係を検討する。さらに、土層の成因と生成速度について説明する。

2.1　土層調査と表層崩壊

　表層崩壊の予測研究の一環として、筆者はこれまで共同研究者や協力者とともに、各地で土層調査を実施してきた。表層崩壊の主体となる土層の分布や物性を知ることが、崩壊予測の第一歩と考えたからである。その際、現在の土層分布を風化・侵食といった斜面発達過程の一環として捉えることに努めた。調査の目的・方法・規模など様々であるが、調査地の一覧表を**表2.1**に、調査位置図を**図2.1**に示す。

表2.1　土層調査一覧表

節	調査地	特徴・テーマ	文献または共同研究者
(1)	島根県浜田市	地形と土層の相関	飯田・田中（1996）
(2)	愛知県旧小原村	花崗岩と花崗閃緑岩の崩壊密度の違い	奥西・飯田（1978） 飯田・奥西（1979）
(3)	大阪府柏原市	非災害地、安山岩	石井孝行氏[1]、水野恵司氏[2]
(4)	三重県尾鷲市	多雨地域	水町友美氏[3]、水野恵司氏[2]
(5)	岩手県軽米町	非多雨地域、火山灰	若月強氏[4]、吉木岳哉氏[5]
(6)	北海道日高	2種類の泥岩の崩壊規模の違い	若月ほか（2009）

　所属：1）元大阪教育大学、2）大阪教育大学、3）元大阪教育大学大学院生、
　　　　4）防災科学技術研究所、5）岩手県立大学

図 2.1 土層の調査位置図

土層の調査と整理の方法の概要を以下に示す。

◇簡易貫入試験

山地や丘陵の土層深の調査手段として、簡易貫入試験器がよく利用される。線的・面的情報が得られる弾性波探査や電気探査と比較すると、この試験は点の情報に限られることや礫の影響を受けることなど欠点もあるが、手軽さ・分かりやすさ・安さなど利点も多い。特に、**図 2.2** に示す(株)筑波丸東社製の試験器(土研式の改良版)は多数利用されている。これは 5kg の重りを 50cm 自由落下させた打撃で、先端に直径 2.5cm の円錐状コーンを付けた鉄棒を貫入させるもので、鉄棒は 50cm ごとに継ぎ足すことができる。10cm ごとの貫入に必要な打撃回数は N_c 値または N_d 値(地盤工学会、2004)と呼ばれる。そのプロフィル図で深度方向の地盤の硬さの変化をみるのが一般的である。

N_c 値は**図 2.3** のように単調増加する場合が多いので、5、10、50 を超える深さをそれぞれ $D5$、$D10$、$D50$ と定義することができる。概ね $D5$ ないし $D10$ が表層崩壊の深度に対応している。$D50$ の深度以深は、

風化の進行は認められるものの十分に硬いので便宜的に基盤とみなすことができる。斜面の断面図にそれらの等値線を描けば、斜面方向の土層深の変化が分かる。

ちなみに、前身となる土研式簡易貫入試験器のコーンの直径は 3cm とやや大きく、10cm ごとの打撃回数は N_{10} 値と呼ばれていた(最近でも N_c 値、N_d 値など呼び方は統一されていないので、一部混乱もみられる)。土研式は 2.1(2) 節の愛知県旧小原村でのみ用い、他の試験地ではすべて筑波丸東社製を用いた。

図 2.2　簡易貫入試験の様子
　　　　((株)筑波丸東社の広告より)

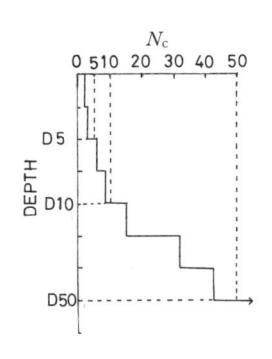

図 2.3　N_c プロフィル概念図

◇粒度分析

ショベルやハンドオーガーでサンプリングした土に対して、JIS 規格の試験法(ふるい法と沈降法)により粒度分析を行った。粒径による土の分類は以下の日本統一分類法に準拠した。

　　粘土　：　　　　　　　～　0.005mm
　　シルト：　0.005mm　～　0.074mm
　　砂　　：　0.074mm　～　2.0mm
　　礫　　：　2.0mm　　～

粒度による土の分類は、**図 2.4** に示すように三角ダイアグラムにより表示されることが多い。これは 3 成分の合計が 100％になる場合の分布状況を図示するものであるが、細粒分(粘土＋シルト)、砂分、礫分の 3 成分の重量％をそれぞれ x、y、z(x+y+z=100)とすると、その分布位置から分類できる。

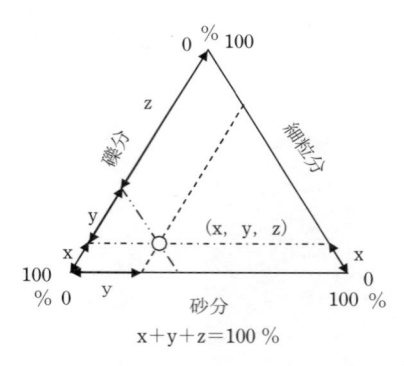

図 2.4　三角ダイアグラムの説明図

◇浸透能試験

単管式・冠水型の浸透能試験として、塩ビ製の円筒を水平に切り出した地面に 10cm 程度打ち込んで水を満たし、減水速度がほぼ一定になったときの値を(最終)浸透能 I_c(mm/hr)とした。この方法では、実際の降雨時の浸透能と比較して大きめとなることが知られている。

(1) 地形と土層と崩壊の関係―島根県浜田市―

斜面の土層深は主要な崩壊要因のひとつである。そして、その推定方法がシミュレーションによる崩壊予測の重要な課題となっている。しかし、広域的に土層深を計測したり推測したりする方法は確立されていない。一方、山地斜面の土層分布は長年の風化・侵食・堆積の履歴を反映していると推定され、地形との関係が期待される。それに関して、田中(1982)、沖村(1989)、逢坂ほか(1992)などの先駆的事例研

究はあるものの十分ではない。そこで地形と土層深と崩壊の関係に関する調査を行った(飯田・田中、1996)。

1) 調査地概要

調査地は島根県浜田市の丘陵地域で、図2.5と図2.6に示すように、傾斜がゆるやかな小起伏面(図 2.6-①)とそれを取り囲む急斜面(図2.6-②)からなる。基盤の地質は中新世の安山岩を主体とした火山岩である。火山灰は観察されず、その他の風積土成分も無視できる。

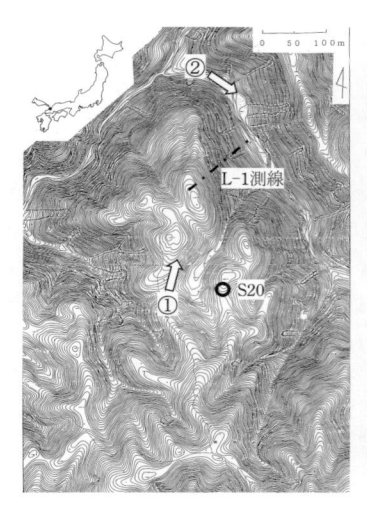

図2.5　土層調査地の地形図（防災科学技術研究所作成、番号と矢印は写真撮影の位置と方向を示す）

図2.6　急斜面と小起伏緩斜面の崩壊写真(撮影年：1989年、災害の1年後)

山内ほか(1986)によると、このあたり一帯の丘陵地は都野津層と呼ばれる（大昔の河床の）礫層に覆われており、その下部には"風化程度の著しい粘土層"が分布しているという。しかし、当試験地では礫層は観察されず既に削剥されたものと推定される。また、小起伏面には

いわゆる赤色土(赤色風化殻)がところどころ残存しており、これらは礫層下部の粘土層に対応しているものと推定される。当調査地を含む浜田市や益田市では、1988年7月15日未明の集中豪雨により、特に急斜面で多数の斜面崩壊が発生した。

2) 調査の方法と結果

ここでは簡易貫入試験による土層深調査を行った。貫入試験地点数は計327地点(延べ貫入量565m)である。他に土層深との関係を検討するために地形計測および土の粒度分析を行った。地形計測は1988年災害後の航空写真から作成した1/1000の地形図(図2.5、等高線間隔1m)をもとに、貫入試験地点ごとに傾斜・比集水面積・曲率を図上で計測した。調査結果を以下に示す。

◇土層深の平面分布

土層深 $D5$、$D10$、$D50$ の平面分布を図2.7に示す。どの土層深も小起伏面で大きく急斜面で小さい。崩壊予備物質に対応する $D5 \sim D10$ はほとんどの急斜面部で1m以下であるが、0.5m以下の薄い場合も多い。先述の赤色土は簡易貫入試験の鉄棒を引き抜く際に、鉄棒の周囲に赤や黄色の粘土が付着することから容易に確認できる(図中の＋印)。

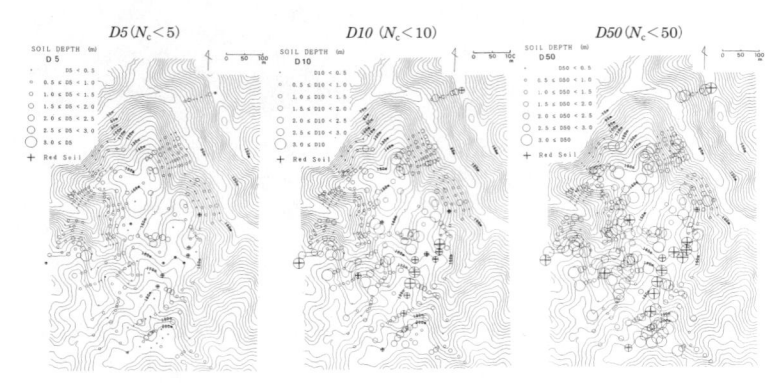

図2.7 土層深 $D5$、$D10$、$D50$ の分布(＋：赤色土)

これは小起伏面の尾根部だけでなく、浅くて広い谷部にも分布している。一般に谷部の土層深は小さいが、赤色土の分布する小起伏面の谷では、土層深 $D10$、$D50$ とも例外的に厚く 2m 以上となっている。

以下、各地形要素と $D5$ の関係を示す。

◇傾斜と土層深 $D5$ の関係

貫入試験地点の斜面傾斜は、水平距離 $\Delta x=10\mathrm{m}$ の最大傾斜(落水線方向の傾斜)とした。一般に土層深と傾斜の間には負の相関があるが、図 2.8 に示すように、本調査地でも傾斜が 20 度以上の範囲で同様の傾向がみられた。ただし、土層深そのものではなく、傾斜ごとの上限値と傾斜の間に負の相関があるとみるべきであろう。

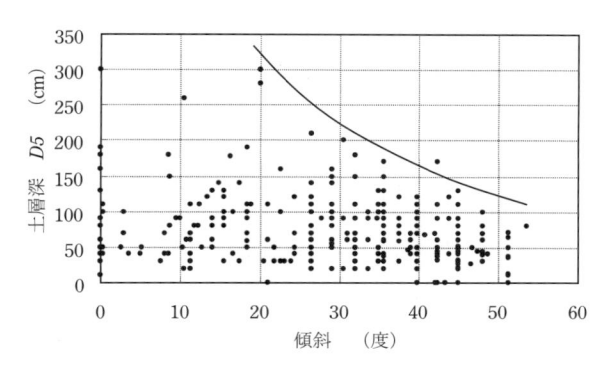

図 2.8 傾斜と土層深の関係

◇曲率と土層深 $D5$ の関係

斜面の平均曲率 ρ は標高 z の x, y 方向の 2 次微分の和($\partial^2 z/\partial x^2 + \partial^2 z/\partial y^2$;ラプラシアン)として定義されるが、以下の式で表した。

$$\rho = (Z1+Z2+Z3+Z4-4Z0)/(\Delta l)^2 \qquad (2\text{-}1)$$

ここで、$Z0$:貫入試験地点の標高、$Z1$、$Z2$、$Z3$、$Z4$:$Z0$ を中心とした最大傾斜(落水線)方向と、それに直角方向に Δl(ここでは 10m)離れた 4 地点の標高である。ρ の値は谷型(凹型)斜面で正、尾根型(凸型)

斜面で負となる。

図2.9に示すように、曲率の絶対値が大きくなるほど土層の上限値が小さくなる傾向がみられる。谷型斜面($\rho>0$)では、崩壊や流水による侵食の影響が大きいためと思われるが、尾根型斜面($\rho<0$)についても、土壌匍行による侵食が卓越するために土層が薄くなったものと推定される。なお、谷型斜面は土壌匍行などにより土層が集積する場でもあるので、斜面崩壊が長い間発生していない場合には、この結果と逆に、土層が厚くなるものと推定される。

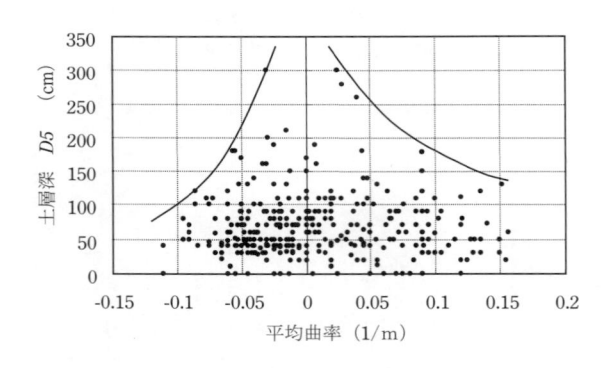

図2.9 曲率と土層深の関係

◇比集水面積と土層深 $D5$ の関係

比集水面積 S は等価斜面長とも呼ばれ、単位長さ等高線に対する集水面積として定義される。ここでは羽田野(1976)にならい、5mの長さの等高線を基線とする集水面積を $A5$ として、$S=A5/5$ とした。S と傾斜の関係を図2.10に示す。斜面崩壊に関係する急斜面の多くは $6m<S<100m$ の範囲にある。

S と土層深 $D5$ の関係を図2.11に示す。全体的には負の相関がみられるが、$S=100m$ 付近の両側に、2つのピークがあるようにみえる。これについて、土層深が土の集積速度(力)と運搬(侵食)速度(力)の相対的な関係で決まると推定して、以下のように解釈した。$6m<S<$

100mの範囲は主に急傾斜の斜面に対応するため、Sの増加とともに斜面崩壊が盛んになり$D5$が小さくなる。また、100m＜S＜1000mの範囲は主に斜面の下部や谷底部に相当するため、崩土の堆積効果などによって、再び$D5$が大きくなる。さらに、1000m＜Sで表流水の運搬力が相対的に大きくなって$D5$が減少する。

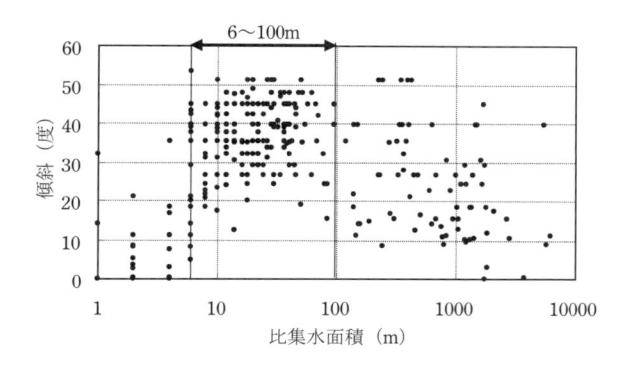

図 2.10　比集水面積と傾斜の関係

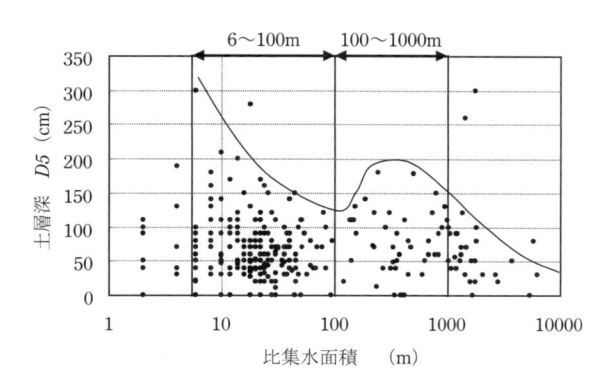

図 2.11　比集水面積と土層深 $D5$ の関係

◇傾斜・比集水面積と N_c プロフィル

傾斜と比集水面積のランクごとに、代表的な N_c プロフィルを作成した。まず、全327貫入試験地点を、5ランクの傾斜 (0〜15°、15°〜25°、25°〜35°、35°〜45°、45°〜55°) と、4ランクの比集水面積 (0〜20m、20〜200m、200〜2000m、2000〜20000m) の組み合わせにより、計20個

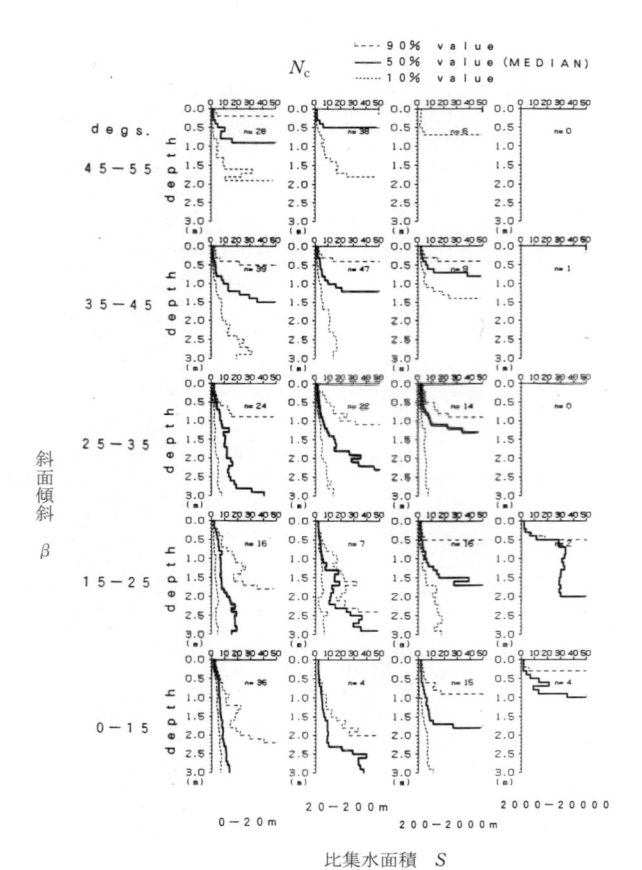

図2.12 傾斜と比集水面積の組合せグループごとの代表的 N_c プロフィル（太線）

(5×4)のグループに分けた。そして、各グループについて、深度ごとに N_c 値を小さい順に並べて 50％値(中央値)を求め、それを合成したものを各グループの代表的な N_c プロフィルとした(図 2.12 の実線)。傾斜や比集水面積と土層深との負の相関が明らかであるが、さらに傾斜や比集水面積の増加とともに、N_c 値が深さ方向により急激に増加している。

次に、各グループの代表的な N_c プロフィルから $D5$、$D10$、$D50$ を読み取り、改めて傾斜と比集水面積との関係をみたのが図 2.13 である。この図からも、概ね各土層深と傾斜の間に負の相関がみられる。

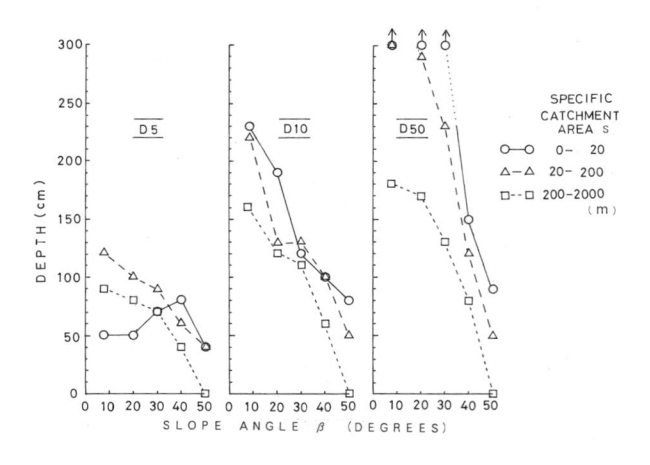

図 2.13 傾斜・比集水面積と土層深の関係

◇地形と土の粒度の関係

当試験地の代表的な地形と土層の断面図(測線は図 2.5 参照)を図 2.14 に示す。土層深は遷急点(S3)付近を境として大きく異なり、上部緩斜面で厚く下部急斜面で薄い。次に、土の粒度を比較するため、上部緩斜面と下部急斜面のそれぞれの代表として S2 と S6 の地点を選び、N_c プロフィルとともに深度ごとの粒度組成を図中に示した。両斜面の

粒度は大きく異なり、S2 では細粒分（粘土＋シルト）が約 80％ を占め、礫分は 10％ 未満であるのに対し、S6 では礫分が 70％ 以上を占め、細粒分や砂分はせいぜい 25％ である。

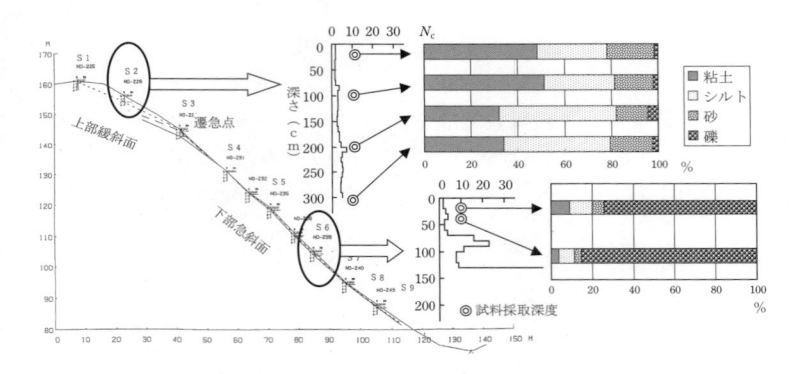

図 2.14 L-1 測線の地形と土層の断面図および粒度分布
（破線；N_c =5、一点鎖線；N_c =10、実線；N_c =50）

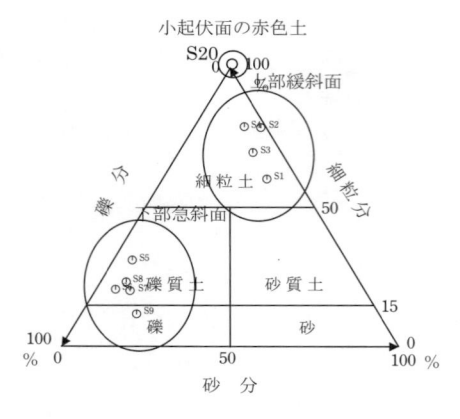

図 2.15 L-1 測線の斜面沿い（深度 10〜20cm）の土と赤色土の粒度分布
（測線とサンプリング地点の位置は図 2.5 と図 2.14 参照）

図 2.15 は、斜面方向の粒度の変化を比較したものである。土層深の境界(S3)とはややずれるが、上部緩斜面(S1〜S4)と下部急斜面(S5〜S9)の粒度の違いは明らかであり、前者は細粒土、後者は礫または礫質土である。図には、小起伏緩斜面の赤色土(図 2.5 の S20 地点、深度は 50〜100cm)の粒度組成も併せて示している。赤色土は風化が極端に進行しているため、ほぼ 100％が細粒分(しかも粘土分が 75％)で占められている。

3) 地盤構造と崩壊による斜面の変化

本地域の地形と地盤の模式図を図 2.16 に示す。ここでは上部から、小起伏緩斜面・上部緩斜面・下部急斜面・崖錐の 4 斜面に分けた。上部緩斜面は、小起伏緩斜面の一部であるが、下部急斜面の直上部にある(川に面した)緩斜面として区別した。各斜面の地盤の粒度をみると、小起伏緩斜面と上部緩斜面は細粒土(粘土・シルト)が多い。小起伏緩斜面には、粘性土からなる赤色土も部分的に残っている。一方、下部急斜面と崖錐の主成分は礫質土または礫である。

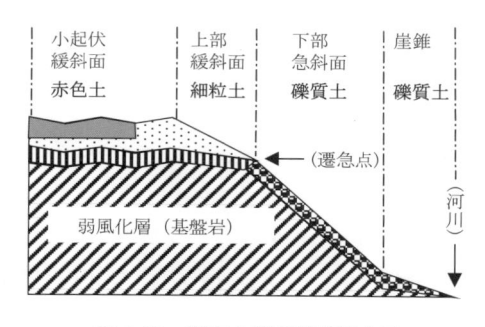

図 2.16　浜田の斜面縦断模式図

1988 年の集中豪雨による表層崩壊は主に下部急斜面で多発した。斜面の基部は崖錐(崩土)に覆われており、崩壊が繰り返し発生していることが分かる。下部急斜面の土層は砂礫の割合が多いので、おそらく 100 年単位の比較的短期間に現位置で生成された未成熟土と思われる。

一方、小起伏緩斜面や上部緩斜面の土層は細粒分の割合が多く、特に小起伏緩斜面の赤色土は、風化が進んで粘土化している。これらの赤色土は、過去の温暖期に生成されたとされることから(松井・加藤、1962など)、その分布域は少なくとも数万年以上は侵食を免れてきたと考えられる。

(2) 花崗岩地域と花崗閃緑岩地域の土層と崩壊—愛知県旧小原村—

1972年7月の豪雨により、愛知県西三河地方で甚大な土砂災害が発生した。その際、花崗岩地域で斜面崩壊が多発したにもかかわらず、隣接した花崗閃緑岩地域ではわずかな斜面崩壊しか発生しなかったことが注目された。地質の違いが崩壊に大きく影響したことは明らかであり、素因の比較研究に最適なフィールドとして、災害後も国土地理院の故・羽田野誠一氏をはじめ多くの研究者を引き付けることになった。おそらく、斜面崩壊に関する研究が最も密に実施された地域のひとつと思われる。筆者らも土層調査や水文調査を実施したが、ここでは他の研究者による災害直後の研究とその後の長期研究の成果を併せて、地質と斜面崩壊の因果関係を比較検討する。

1) 調査地概要

調査地は三河高原の南端に位置する愛知県西三河地区の小起伏丘陵地である。地質は花崗岩と花崗閃緑岩である。1972年7月は土砂災害の当たり年とも言えるほど、全国各地で豪雨(当時、七夕豪雨と呼ばれた)による斜面崩壊や土石流が多発した。当調査地を含む西三河地区一帯(旧小原村・藤岡村)でも、7月12日夜半から13日早朝にかけて総雨量約300mmの集中豪雨があり、特に花崗岩地域で多数の斜面崩壊や土石流が発生した。

2) 調査の方法と結果

◇花崗岩地域の調査結果

図2.17に調査流域の地形図と簡易貫入試験の測線位置図を示す。図2.18はその代表的な非崩壊斜面と崩壊斜面の土層断面図である。N_{10}値が10と50の等値線を、それぞれ破線と一点鎖線で示している。

$N_{10} < 10$ の層を軟弱層、$10 < N_{10} < 50$ の層を遷移層、$50 < N_{10}$ の層を基盤と呼ぶことにすると、概ね軟弱層が崩壊しており、この層が沖村・田中 (1980) の「潜在崩土層」に対応する。

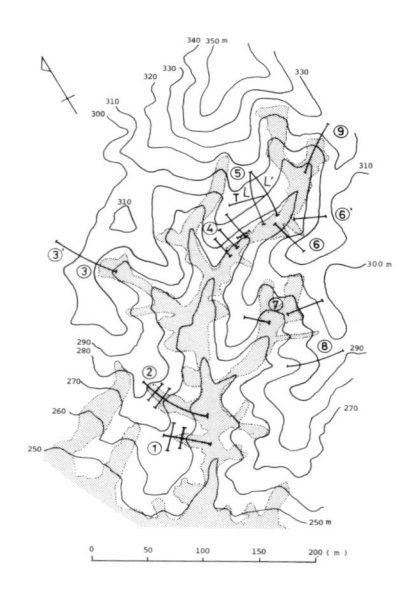

図 2.17 調査地の地形図と簡易貫入試験の測線位置図
(元図：防災科学技術研究所作成。ハッチは崩壊・土石流分布域を示す)

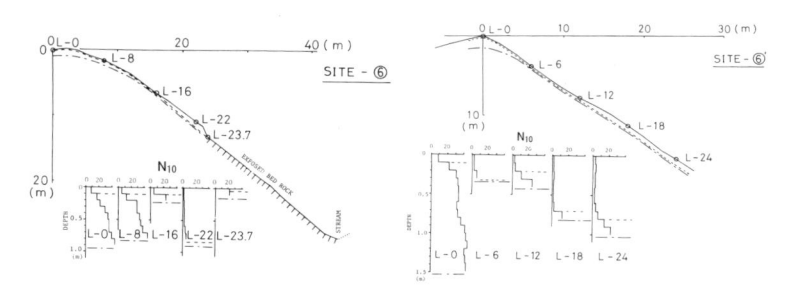

図 2.18 代表的な崩壊斜面と非崩壊斜面の地形・土層断面比較図

当地の地点ごとの N_{10} プロフィルは、図 2.19 に示す 4 種類の基本型 A、B、C、D に分類され、各分類と斜面位置との間に密接な関係があることが分かった。

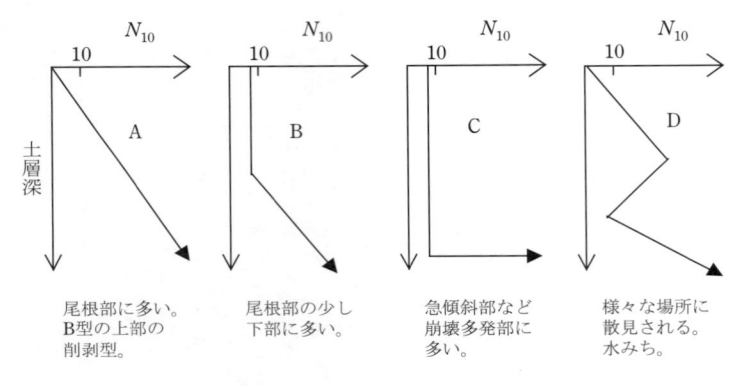

図 2.19 N_{10} プロフィルの分類

（A：尾根部に多い。B 型の上部の削剥型。／B：尾根部の少し下部に多い。／C：急傾斜部など崩壊多発部に多い。／D：様々な場所に散見される。水みち。）

A 型：N_{10} 値が深さとともに直線的に増加するパターンである。軟弱層が薄く遷移層が厚い。このパターンはほとんどの尾根部でみられる。また、同じ A 型でも基盤までの深さ（$N_{10} < 50$）が 50cm 未満で軟弱層・遷移層ともに薄いものは、尾根と急斜面の境界の遷急点で多くみられる。尾根の部分が以前はハゲ山だったことから、下記の B 型上部の軟弱層が除去されたものが A 型と推定される。

B 型：A 型の土層の上を厚い軟弱層が覆ったものであるが、尾根部よりも少し下った位置にみられる。

C 型：N_{10} 値が 10 以下の小さな値がある深さまで続いた後、急激に増加するパターンである。軟弱層が厚く遷移層が薄いため、土層と基盤の境界がシャープである。すなわち土層と基盤からなる 2 層構造のパターンで、急傾斜部や谷型斜面に多くみられる。

D型：N_{10}値がある深度で急激に減少するパターンであるが、いろいろな場所で散見される。N_{10}値が減少する部分は水みちに対応している可能性がある。

当花崗岩地域の斜面の土層断面図を模式的に書くと**図 2.20** のようになる。尾根部の上部緩斜面ではA型の軟弱層が薄く遷移層が厚いのに対し、下部急斜面では逆に、軟弱層が厚く遷移層が薄いC型が多い。両者の境界となる遷急点では軟弱層、遷移層ともに薄い。そしてC型の卓越する下部急斜面で崩壊が多発した。

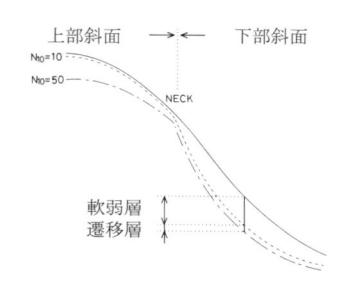

図 2.20　花崗岩地域の地形・土層断面模式図

◇花崗閃緑岩地域の調査結果

図 2.21 は、崩壊密度が極端に少なかった花崗閃緑岩地域の数少ない崩壊斜面の断面図である。比較のために花崗岩地域における代表的な断面図を並べて示している。花崗閃緑岩地域では、尾根部だけでなく急傾斜部においても遷移層が花崗岩地域よりも厚い。一般に、花崗閃緑岩地域の斜面は急傾斜部や斜面下部でも風化しており、花崗岩地域の斜面と比較して崩壊しにくいが、この斜面の下部には例外的に硬い基盤岩があり（土層深が比較的薄い）、たまたまそれが原因となって崩壊した可能性がある。

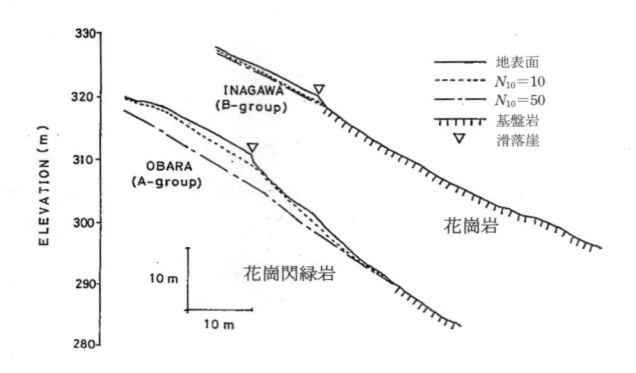

図 2.21 花崗閃緑岩地域と花崗岩地域の縦断比較図（飯田ほか、1986）

3) 花崗岩地域と花崗閃緑岩地域の風化・崩壊・地形の比較

図 2.22 に示すように、1972 年の豪雨時には、降雨量が同程度だったと推定されるにもかかわらず、隣接した両地質の地域で崩壊発生頻度に大きな差がみられた。そのため、崩壊に対する両地質の素因の影響について多くの比較研究がなされた（矢入ほか、1973；植下・桑山、1973；奥田ほか、1977；奥西・飯田、1978；恩田、1989 など）。

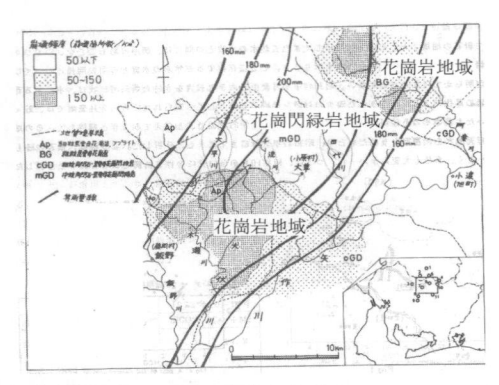

図 2.22 小原・藤岡村周辺の地質と崩壊密度（矢入ほか、1973 の図に加筆修正）

それらの結果をまとめて**表2.2**に示す。

表2.2 花崗岩地域と花崗閃緑岩地域の素因比較表

	花崗岩	花崗閃緑岩
土層の厚さ	薄い	厚い
風化層の厚さ	薄い	厚い
土層と基盤の境界	明瞭	不明瞭
土層の粒度	大	小
鉱物粒度	大(粗粒)	小(中粒)
谷の横断形	V字型	U字型

地質(岩質)の違いによる地形の違いは、ロックコントロール(岩石制約論：Yatsu(谷津)、1966)として知られているが、崩壊が多発した花崗岩地域と崩壊が少なかった花崗閃緑岩地域の素因について、以下の連続的な因果関係が推定される。

地質→(風化現象)→地盤構造→(水文現象)→(侵食現象)→地形

実際は複雑な相互作用が想定されるが、以下、両地質における個々の因果関係を単純化して比較検討する。

◇鉱物組成・風化・地盤構造の比較

矢入ほか(1973)によれば、両地質の鉱物組成を比較すると、化学的風化を受けにくい石英やカリ長石の割合は花崗岩に多く、化学的風化を受けやすい角閃石や黒雲母や斜長石の割合は花崗閃緑岩に多い。

図2.23は、各地の花崗岩類の新鮮な基盤岩を破砕し2〜4mmの粒径に揃えて蒸留水による溶出実験を行った結果である。小原村の花崗岩(図のINAGAWA)は溶出量(Ca^{2+}、Mg^{2+}、Na^+、K^+、SiO_2の総濃度)が少なく化学的風化を受けにくい浅層風化グループに属し、小原村の花崗閃緑岩(図のOBARA)は溶出量が多く、化学的風化を受けやすい深層風化グループに属している。

また、鉱物の大きさを比較すると花崗岩は粗粒、花崗閃緑岩は相対的に細粒(中粒)である。基盤岩石の鉱物の組成と粒径の違いは、**図**

2.24 に示すように土層の粒径に反映されており、細粒分(粒径0.074mm 以下)の割合は花崗閃緑岩が花崗岩の2倍程度となっている。

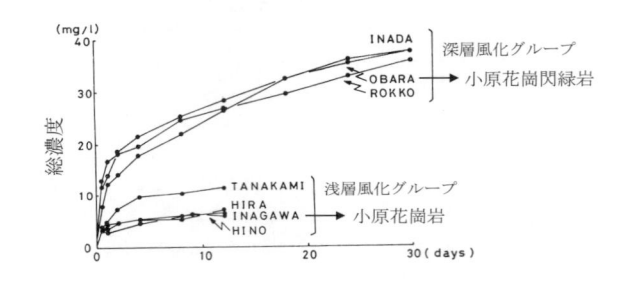

図 2.23 溶出実験結果の比較(飯田ほか、1986)

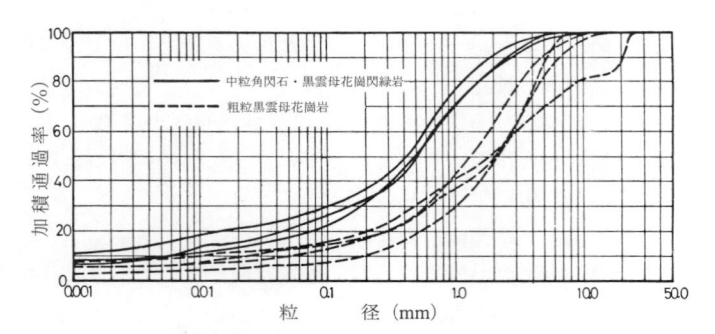

図 2.24 花崗岩地域と花崗閃緑岩地域における土層の粒度分布比較図
(矢入ほか、1973)

以上の鉱物組成の違いは、両地質の風化状況の違いにも反映されたと推定される。そして、花崗岩地域では深層での化学的風化よりも表層での物理的風化が卓越して、土層と基盤の境界がシャープな地盤構造(2層モデル)となった。一方、花崗閃緑岩地域では深部まで化学的風化が及ぶために、いわゆる深層風化となり土層と基盤の境界も不明瞭となった。また、土層の粒度は、花崗岩地域の方が花崗閃緑岩地域よりも粗粒である。まとめると以下のようになる。

［花崗岩］　　　　化学的風化しにくい鉱物→浅層風化（物理的風化）
　　　　　　　　　　　→薄い風化層
　　［花崗閃緑岩］　　化学的風化しやすい鉱物→深層風化（化学的風化）
　　　　　　　　　　　→厚い風化層

◇浸透・流出の比較

　図2.25は、恩田（1989）による両地質の土層断面と流出量の比較結果である。風化層（土層）の厚い花崗閃緑岩地域の比流量（単位面積当たりの流量）は風化層の薄い花崗岩地域の比流量よりも明らかに小さい。

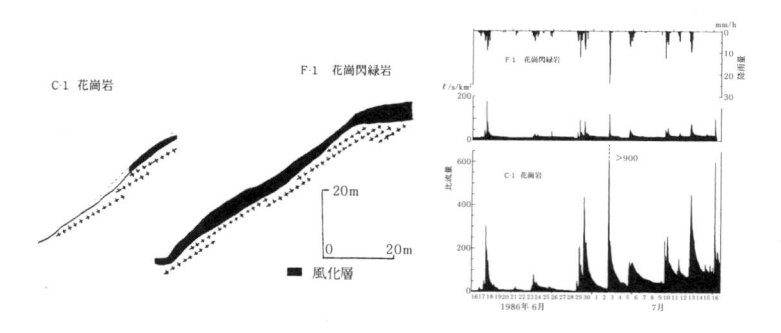

図2.25　両地質の土層断面と流出の比較図（恩田、1989の図を一部改変）

　花崗岩地域では土層と基盤の境界がシャープなため（2層構造）、豪雨時には浸透水がその境界でせき止められて飽和側方浸透流やパイプ流が発生しやすい。土層が粗粒で透水性が高いことも、その理由のひとつと考えられる。一方、花崗閃緑岩地域では土層が厚く基盤との境界が不明瞭なため、降雨が土層の空隙に貯留されたり深部まで浸透したりして、飽和側方浸透流やパイプ流が発生しにくい。まとめると以下のようになる。

　　［花崗岩］　　　　薄い風化層→飽和側方浸透流・パイプ流
　　［花崗閃緑岩］　　厚い風化層→　　　深部浸透流

◇表層崩壊とハゲ山の影響の比較

まず、表層崩壊の引き金となる飽和側方浸透流やパイプ流の発生しやすさの違いが、図 2.22 に示したような崩壊密度の違いに反映されたものと推定される(矢入ほか、1973；恩田、1989など)。さらに、花崗岩地域で崩壊が多発した原因として、自然的要因とは別に人工的要因の影響も指摘されている。塚本(1999)はハゲ山回復途上域(1.5 節参照)における「集中豪雨型表層崩壊多発災害」のひとつとして、当西三河地域の 1972 年災害を挙げた。塚本(1998)によれば、「太平洋戦争後に復旧されるまで、西日本から中部地方まで人間活動によるハゲ山が広く存在していた」が、若月ほか(2002)によれば、小原村の里山でも同様であった。樹木伐採や植林の詳細な履歴は不明だが、花崗岩地域での表層崩壊にハゲ山の何らかの影響があったのは間違いない。ハゲ山における侵食量や土砂移動の速度は植生地と比較して桁違いに大きいことが知られている(例えば、鈴木・福島、1989)が、ハゲ山回復途上域の初期には多くの土砂が斜面上に堆積し、それが 1972 年の豪雨時に一気に崩壊したものと推定される。まとめると以下になる。

　　［花崗岩］　　　　飽和側方浸透流・パイプ流・ハゲ山→表層崩壊
　　［花崗閃緑岩］　　深部浸透水・非ハゲ山　　　　　　→非崩壊

◇ハゲ山化しやすさの比較

花崗岩地域では斜面の土層や風化層が薄いために、それがいったん失われると風化基盤岩が露出して表流水が発生しやすくなり、降雨時には土砂の生産・移動が盛んになる。また、冬季の霜柱による土砂の生産・移動も盛んになる。さらに、土粒子が粗粒で保水性が劣るために、無降雨時には乾燥化が進んで植生に厳しい環境となる。そこに樹木の伐採や根起こしなど森林破壊が進行することで、花崗岩地域では太平洋戦争前に容易にハゲ山化が進行したものと推定される。

一方、花崗閃緑岩地域でも同様に森林破壊がなされたものと思われるが、ハゲ山化しなかったようである。これは、深層風化が進んでいるために、豪雨時にも表流水が発生しにくく、しかも細粒分が多いために、土の保水性も良好で植生の回復には好都合であったためと思わ

れる。その結果、同様の森林破壊が加わっても結果的にハゲ山化しなかったものと推定される。まとめると以下のようになる。

  ［花崗岩］ 表流水・飽和側方浸透流→表面侵食・表層崩壊
       →ハゲ山化
  ［花崗閃緑岩］ 深部浸透水 → 非侵食・非崩壊
       →非ハゲ山化

◇谷の侵食と谷地形の比較

　花崗岩の谷は斜面基部の基盤の風化度が小さく硬いので、河川による下刻(谷を深くする作用)と比べて側刻(側方侵食；谷幅を広くする作用)が起こりにくく、谷の横断形は V 字型となる。一方、花崗閃緑岩の谷は斜面基部の基盤でも風化が進んで軟らかいので河川による側刻が起こりやすく、谷の横断形は U 字型(谷底平野)となる。Onda(1994)は、この谷底平野を日本や世界の多くの場所でみられる舟底型の谷の一種だとし、簡易貫入試験結果から堆積面ではなく侵食面であることを明らかにした。また、斜面基部のパイプからの土砂流出の観測結果から舟底型の谷の成因を一種の地下侵食(Seepage Erosion)によるものとした。いずれにしても、深層風化によって谷や斜面の基部まで風化していることが谷底平野形成の主な要因である。

　谷底平野の多くは水田として利用されているが、山裾(斜面の下部)でも風化が進んでおり、人力で容易に掘削できるため、一部は人工的に拡幅されたものと思われる。まとめると以下のようになる。

  ［花崗岩］ 浅層風化 → 河川の下刻
       →V 字型谷
  ［花崗閃緑岩］ 深層風化 → 河川の側刻・地下侵食
       →U 字型谷

　以上の結果をまとめて、**図 2.26** に両地質における谷の比較模式図を示す。

（粗粒）花崗岩地域

ハゲ山化しやすい　　　　　V字型谷

粗粒土（透水性大・保水性小）

飽和側方浸透流
パイプ流

浅層風化
薄い土層・風化層

表層崩壊
河川の下刻

（細粒）花崗閃緑岩地域

ハゲ山化しにくい　　　　U字型谷（谷底平野；一部切り土）

細粒土（透水性小・保水性大）

貯留水
深部浸透流

河川の側刻
地下侵食

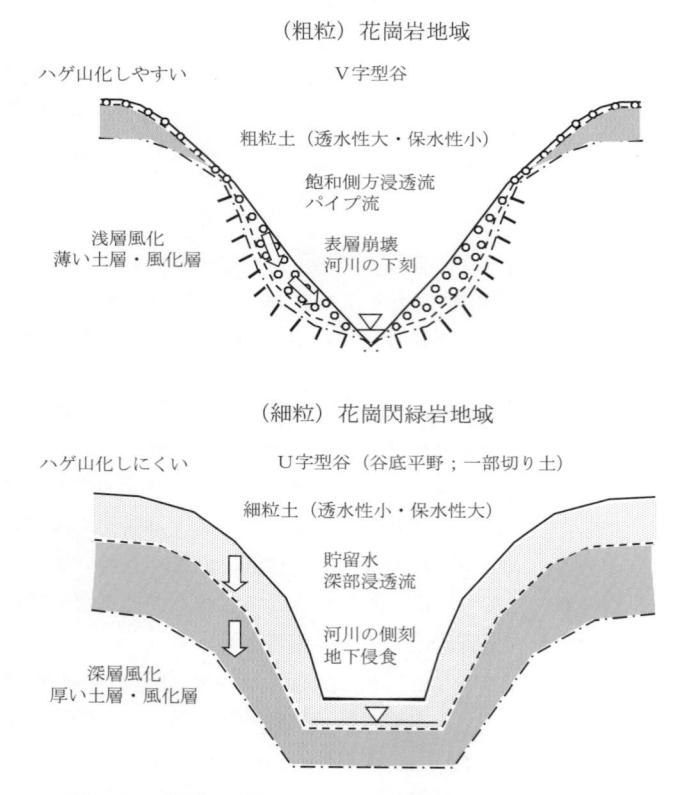

深層風化
厚い土層・風化層

図 2.26 花崗岩地域と花崗閃緑岩地域での谷の比較模式図

なお、花崗岩地域と花崗閃緑岩地域における、地形・風化層の厚さ・崩壊しやすさの違いについては、本地域と同様のことが島根県（田中・風巻、2005）や茨城県（Matsukura and Tanaka、1983 や Wakatsuki and Matsukura、2008）など他地域でも報告されており、少なくともわが国では一般的な現象のようである。

（3） 非災害地の土層—大阪府柏原市—

　斜面災害地との比較のために、これまで大きな斜面災害に見舞われていない山地斜面について土層調査を実施した。斜面災害が発生しなかった理由として、まず豪雨や地震といった誘因がたまたま作用しなかったことが挙げられるが、素因の影響もあったものと思われるからである。

1）　調査地概要

　調査地は大阪府の柏原市にある大阪教育大学の敷地横の丘陵地である。図 2.27 と図 2.28 に示すように、大和川支流の原川を大きく蛇行させるように突き出た痩せ尾根と、隣接する谷からなる。近畿日本鉄道大阪線の旧路線トンネルが痩せ尾根を貫いている。地質は石英安山岩である。

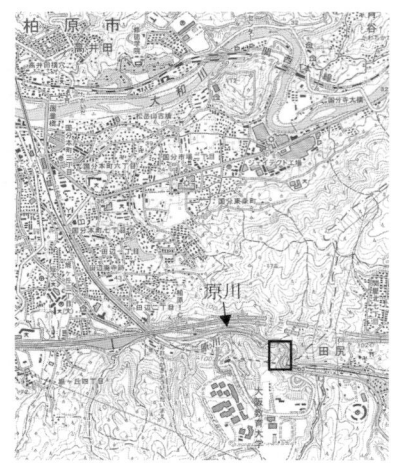

図 2.27　調査位置図（黒枠）
（国土地理院 25000 地形図「大和高田」）

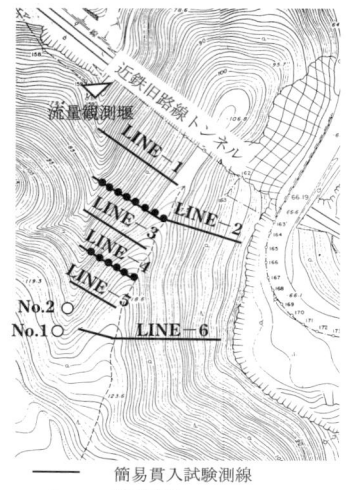

── 簡易貫入試験測線
● 粒度分析
○ 浸透能試験

図 2.28　調査地の地形図と調査の位置図

図 2.29 に示すように尾根の一部には基盤岩が顔を出しており、植生は幹の細い貧相な雑木林である。年降水量は 1300mm 程度である。当地域はこれまで大きな豪雨や地震に見舞われることもなかったため、少なくとも過去数 10 年間は大きな斜面災害は発生していない。

図 2.29　調査地の状況

2) 調査の方法と結果

調査項目は、土層深・土層の粒度・基盤の浸透能・流量である。図 2.28 に示したように、簡易貫入試験は LINE-1～LINE-6 に沿って約 5m 間隔で実施した。粒度分析は LINE-2 と LINE-4 に沿って約 5m 間隔で採土して実施した。浸透能試験は No.1 と No.2 の 2 地点で、風化基盤を対象として実施し、流量観測は谷の下流側に堰を設けて豪雨時のみに発生する流量を観測した。調査結果を以下に示す。

◇地形縦断と土層深分布

図 2.30 に地形と土層の断面図を示す。破線と一点鎖線は N_c 値が 10 と 50($D10$ と $D50$)の等値線である。尾根が痩せているので、一般にみられるような緩傾斜の上部斜面は存在せず、約 40 度の急斜面が下部から一直線に尾根まで伸びている。尾根部を含め $D10$、$D50$ はともに薄い。

図 2.31 は、$D5$、$D10$、$D50$ のそれぞれをランク分けした土層深の平面分布図である。$D5$ については厚さ 0 が半数以上の地点を占めている。$D10$ についても、厚さ 40cm 以下が半数以上の地点を占めている。ま

2. 表層崩壊予備物質としての土層

た一般的に土層が厚い尾根部でも、ほとんどの地点で $D50$ が 100cm 未満である。$D5$、$D10$、$D50$ のどの指標でみても土層が薄い

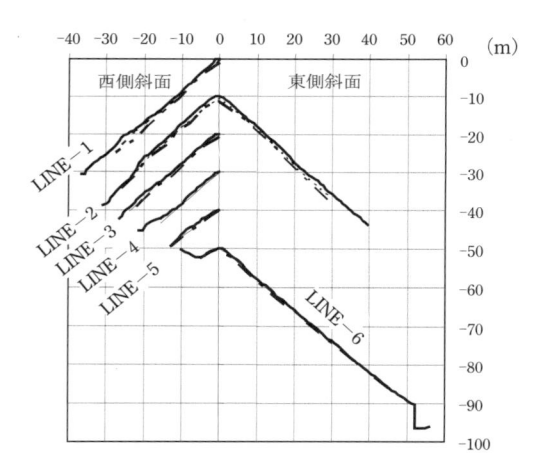

図 2.30 地形と土層の断面図（破線：$N_{10}=10$、一点鎖線：$N_{10}=50$）

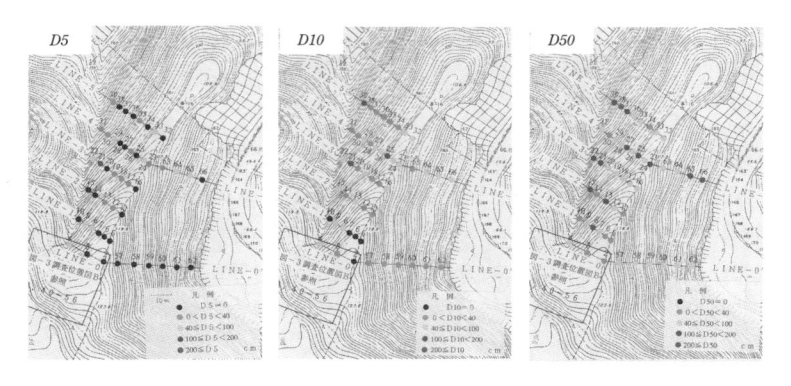

図 2.31 土層深（$D5$、$D10$、$D50$）の平面分布図

◇土の粒度分布

図 2.32 は、斜面方向の粒度の変化をみるために、LINE-2 の 10〜

20cmの深度について分析結果を示したものである。尾根部や急傾斜部といった斜面位置にかかわらず、細粒分(粘土＋シルト)が非常に少なく、いずれも礫に分類される。一般に、尾根部では急斜面部と比較して風化がより進行しているので、土の細粒分が多くなるが、ここではそのような傾向はみられない。したがって、土層深だけでなく粒度の面からみても、尾根部と急傾斜部は区別できない。

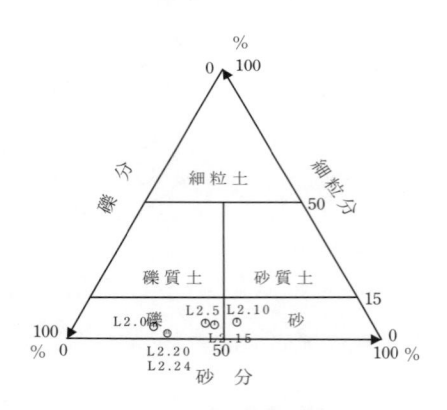

図2.32 斜面沿いの土層の粒度組成(LINE-4沿いも同様)
L2.の後の数字は尾根からの距離(m)を示す。

◇風化基盤の浸透能

No.1地点では表層土を除去して露出させた風化基盤上に、またNo.2地点はガリー底部の風化基盤をならして塩ビの円筒を打ち込み浸透能を計測した。結果は以下のとおりである。
 ・No.1地点(0次谷基盤)：600mm/h
 ・No.2地点(ガリー底部)：1500mm/h

実際の降雨時の浸透量と比較すると過大に評価している可能性があるが、N_c値が50を超える風化基盤でも、浸透能が大きいために降雨のほとんどが地下深部に浸透し、表層崩壊の要因となる飽和側方浸透流が発生しにくいと推定された。

◇流量

　流量の観測結果を**図 2.33**に示す。雨量(棒グラフ)は大阪管区気象台のデータであるが、調査地とは 20km 近く離れているため参考値として示した。1995 年 7 月 4 日午前中に、調査地でも 100mm 以上の集中豪雨があったと思われるが、流量が観測できたのは豪雨終了後からである。7 月 4 日の深夜から 5 日の朝にかけて再び降雨があり、流量が増加した。降雨の停止とともに、わずか数時間の間に流量が減少して流れが消滅した。このとき、堰だけでなくその上流部でも、それまで勢いよく流れていた流水が、谷底に吸い込まれるように速やかに消滅するのが観察された。これについては、堰のすぐ下に位置する旧路線トンネルへの漏水の可能性もあるが、浸透能試験から判明した基盤自体の大きな浸透能が主な要因と推定した。

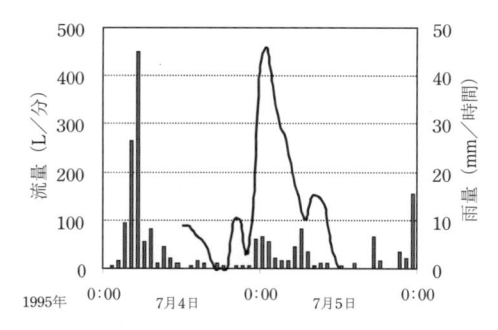

図 2.33　流量観測結果(雨量は大阪管区気象台データ)

3)　調査地の特徴と表層崩壊が発生しにくい要因の推定
　本調査地の特徴は以下のようにまとめられる。
　①　痩せ尾根で急傾斜部が尾根稜線まで続いている。
　②　土層が薄い(当調査地が人里近いことから、ハゲ山の影響も考えられる)。
　③　土の粒度が大きく、礫に分類される。
　④　基盤の浸透能が大きく、谷の流水が基盤へと吸い込まれやすい。

したがって、当調査地付近で大きな斜面災害が発生していない地盤の条件としては、土層が全体的に薄いことと、風化基盤の浸透能が高いために、降雨のほとんどは深部へと浸透し、表層崩壊の引き金となる飽和側方浸透流が発生しにくいことが考えられる。

(4) 多雨地域の土層と斜面崩壊の慣れ—三重県尾鷲市—

1.2節で説明したように、多雨地域は非多雨地域と比較して崩壊の限界雨量が大きく、斜面崩壊が発生しにくい。これは降雨に対する斜面崩壊の"慣れ"と呼ばれているが、そのメカニズムは必ずしも明らかではない。そこで、典型的な多雨地域を試験地として、土層深・巨礫分布・浸透能の調査を実施した。以下、水町友美氏の修士論文(平成13年度大阪教育大学大学院)等をもとに調査結果を示す。

1) 調査地概要

調査地は、紀伊半島東部熊野灘沿岸の尾鷲湾南部に位置する山地の一角である(図2.34)。平均年雨量は約4000mmと全国平均の2倍以上であり、日本有数の(あるいは世界的な)多雨地域である。地質は熊野酸性火成岩類の斑状花崗岩(花崗斑岩)である。

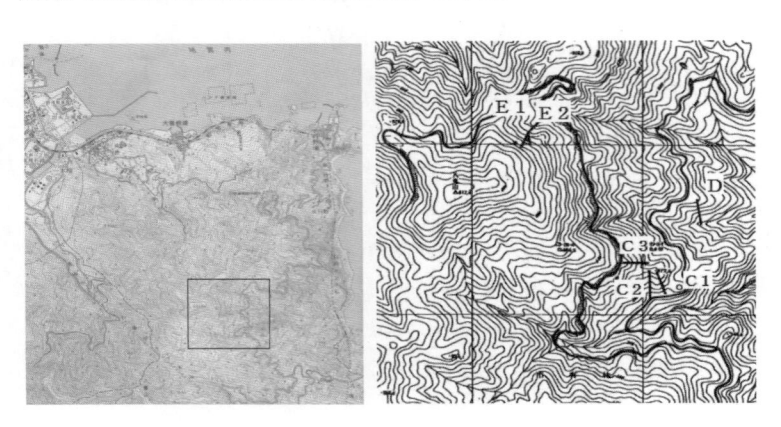

図2.34 調査地の地形図と簡易貫入試験の測線位置図(太線は林道)
(左図:国土地理院25000地形図「尾鷲」)

図 2.35(1)に示すように、調査地は遠目には、檜の鬱蒼とした植林（当時、約 40 年生）に覆われているが、図 2.35(2)、(3)に示すように林内には数 10cm から数 m もの白い巨礫がいたるところに分布している。そのため、植林が伐採された斜面はあたかもカルスト台地の羊の群れのような景色にみえる。図 2.35(4)は調査地付近を走る林道に面した斜面の代表的な断面図であるが、比較的新鮮な基盤岩が地表面近くまで分布している。

図 2.35 調査地の写真

2) 調査の方法と結果

図 2.34 に示す C1〜C3 の測線に沿ってポール縦断測量と簡易貫入試験を行った。C2 と C3 については、径が 25cm 以上の礫を巨礫として、その分布調査も行った。その際、測線を中心として左右各 2m の幅 4m ×長さ 5m＝20m² の面積ごとに巨礫の数を調べたが、ここでは 1a（アール：10m×10m）当たりの個数に換算して分布密度とした。径が 100cm を超える巨礫については、その内訳を示した。また、C3 の測線の上部

(①地点)と下部(⑦地点)の2カ所(図2.38参照)では浸透能試験を行った。以下、測線ごとに調査結果を示す。

◇C1 測線(図2.36)

径が2〜3mに及ぶ巨礫が2カ所にみられる。また、尾根部の近接した①、②、③、および遷急点付近の近接した④、⑤、⑥のすべての地点で、基盤($N_c>50$)までの深度は 50cm 以下と浅い。尾根型斜面という地形からみて転石とは考えにくく、基盤岩が地表近くにあるものと推定される。40度近い急傾斜部の⑦、⑧地点でも基盤までの深度が 50cm 以下と浅く、軟弱層($N_c<10$)・遷移層($10<N_c<50$)はさらに薄い。下部斜面の⑨、⑩と⑪、⑫はそれぞれ近接しているが、基盤までの深度が大きく異なり、⑩と⑫で基盤としたものは転石の可能性もある。

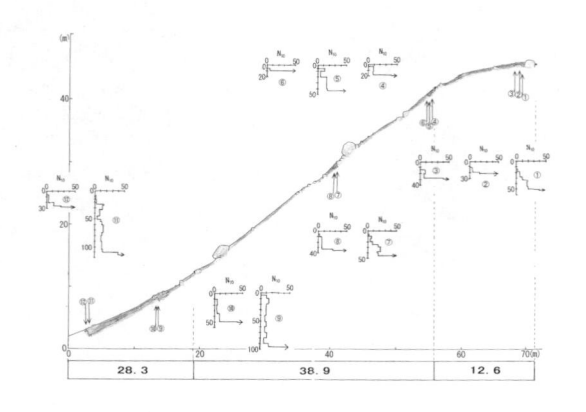

図2.36　地形と土層の断面図(C1測線)(横軸の下の数字は平均傾斜(度))

◇C2 測線(図2.37)

斜面の中央部でも31〜33度と比較的緩傾斜である。斜面の中部から下部にかけて地表部に巨礫が多数分布するために、貫入試験は斜面の上半部のみで実施した。土層深をみると、尾根頂部(①)と上半部の下端部(⑦〜⑨)では、基盤($N_c>50$)までの深度はいずれも 80cm 以下と

なっている。尾根頂部と下端部に挟まれたそれ以外の部分(②、③、⑤、⑥)では、基盤(N_c>50)までの深度は④を除き 1m 以上と比較的深い。巨礫の分布密度は尾根頂部と斜面の下半部で大きい。斜面方向の分布傾向をみると、尾根頂部から 10～15m まで減少した後、斜面下方に向かって再度増加傾向がみられる。

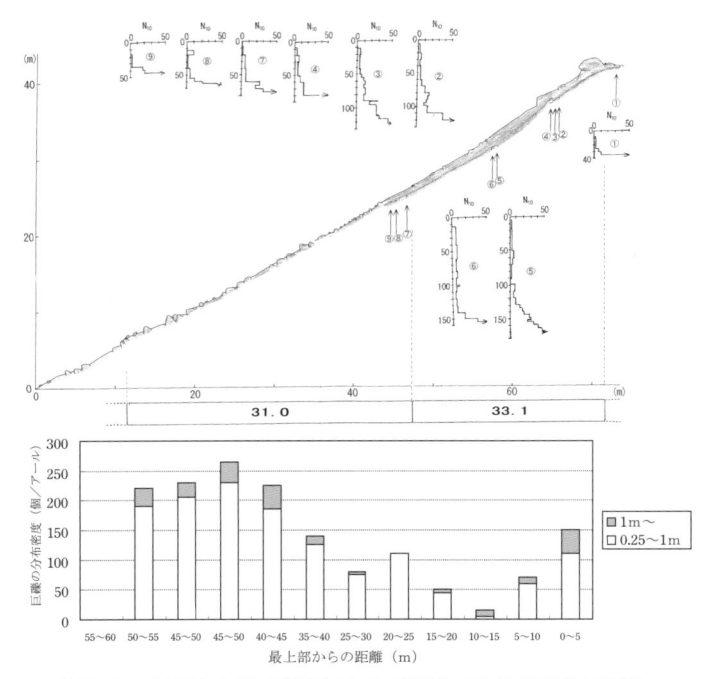

図 2.37 地形と土層の断面図および巨礫の分布密度(C2 測線)

◇C3 測線(図 2.38)

斜面の中央部は 40 度以上と急である。遷急点上部の尾根部は数十 cm～数 m 大の巨礫で覆われている。基盤(N_c>50)までの深度は、遷急点の②で 20cm と薄くなっている以外は、70～130cm と急傾斜の割には厚い。①は林道で切られた尾根部に位置するが、遷移層($10 < N_c$

＜50)は 80cm と本調査斜面全体で最も大きい。巨礫の分布密度は 50〜150 個/a であるが、斜面方向の系統的な変化傾向はみられない。

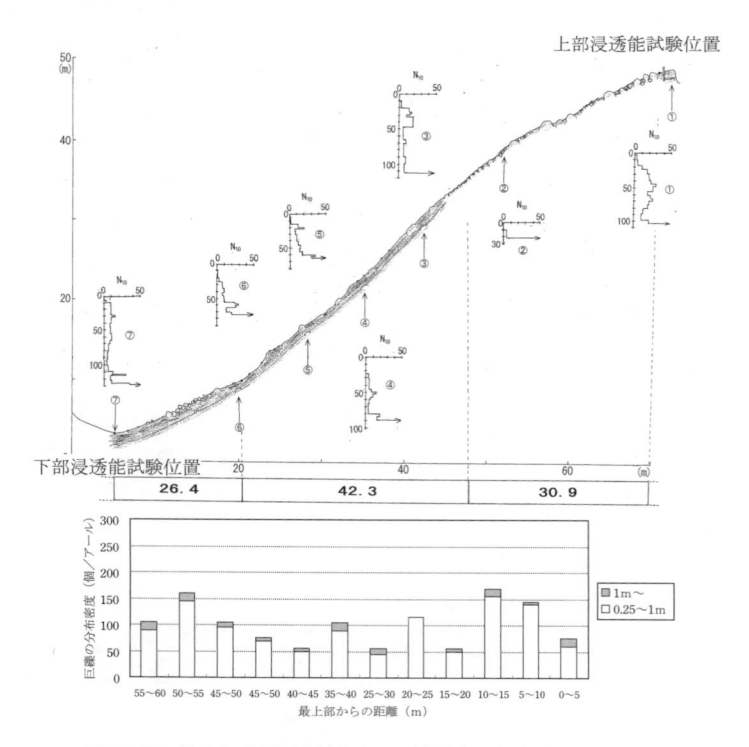

図 2.38 地形と土層の断面図および巨礫の分布密度(C3 測線)

図 2.39 は斜面の上部と下部で実施した深度別の浸透能試験結果である。実際の浸透能よりも大きめとなることを考慮して、以下、相対的な値の違いに着目する。尾根頂部の上部(①)での浸透能は、比較的浅い土層(地表面と 30cm 弱の深度)だけでなく、深度 130cm の風化層でも 400〜600mm/時の高い値となっている。浸透能が深さ方向に一様なので、降雨が地下深部へと容易に浸透して、表層崩壊の直接的な要

因となる飽和側方浸透流は発生しにくいと思われる。一方、谷筋に相当する斜面の下部(⑦)での浸透能は、約30cmの深度では1000mm/時と尾根頂部のどの深度よりも大きいにもかかわらず、40cmおよび60cmの深度では100～200mm/時と急減している。谷筋に近いことから高含水比の地盤の影響も推定されるが、尾根頂部ほどは降雨が浸透しにくいと思われる。

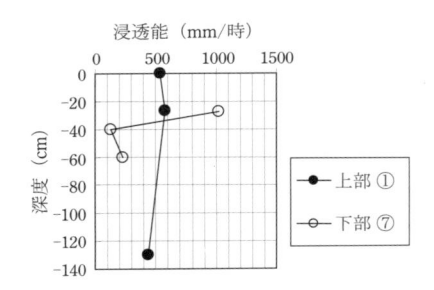

図2.39 C3斜面の上部と下部における深度別浸透能

3) 降雨に対する斜面崩壊の慣れの原因

以上の調査結果から、多雨地域で斜面崩壊を発生しにくくする要因として、以下のことが推定できる。

① 土層深が薄いので土層の駆動力が小さい。
② 地表面・地中ともに巨礫または基盤の突起が多いために、土層のせん断強度が大きい(内部摩擦角の増加の効果＋巨礫の凹凸が土層を支える効果)。
③ 風化層の浸透能が大きく(100mm/h以上)、豪雨時の斜面崩壊の直接的な引き金となる飽和側方浸透流が発生しにくい。

以上の地形および地盤特性は、他要因の影響もあると思われるが、主に多雨地域における表層崩壊と風化作用の相互作用の結果として形成されたものと考えられる。長年の崩壊による侵食の結果、いわば崩れにくい地盤構造だけが残されることにより、崩壊の発生を抑制するフィードバック作用が働いているものと推定される。

(5) 非多雨地域における中・古生層斜面の土層—岩手県軽米町—

降雨に対する崩壊の慣れに関する研究の一環として、「非多雨地域では降雨の規模や頻度が小さく、崩壊周期も相対的に長くなるために風化等による土層の集積時間も長くなり、結果的に土層深が大きくなる」との仮説をもとに、試験地を設けて土層調査を実施した。調査斜面はわずか1測線で調査項目も限られるため、結果の解釈にあたっては、同じ北上山地で実施された、吉永ほか(1989)と吉木(1993)による研究成果を利用した。

1) 調査地概要

調査地は北上山地の北縁部に位置している。図2.40と図2.41に示すように、青森県との県境に近い岩手県九戸郡軽米町の雪谷川(新井田川支流)に面した急斜面で、浅い凹型斜面(0次谷)となっている。基盤の地質は、粘板岩・頁岩・チャート・石灰岩からなる中・古生層である。尾根には多量の火山灰(テフラ)が分布している。年平均雨量は1000mmと少なく、わが国では非多雨地域となる。少なくとも過去数10年は大規模な土砂災害は発生していない。

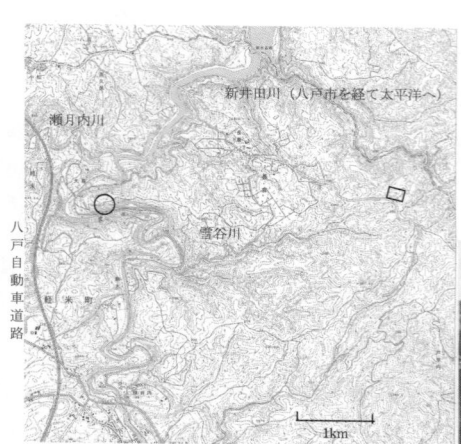

図2.40　調査位置図(〇)(□は吉木(1993)の調査地のひとつ)(国土地理院25000地形図「市野沢」)

図2.41　調査斜面の遠景写真(吉木岳哉氏撮影)

2) 調査結果

簡易測量と貫入試験の結果を図 2.42 に示す。斜面長は 150m と長大で、40 度前後の急傾斜の斜面が下部(L-140)から上部(L-30)まで 100m 以上続いている。最下部の L-120〜140 区間は小規模な新旧の崩壊跡で土層深が薄くなっている。$N_c<5$ の軟弱な土層の厚さは、崩壊跡や尾根を除けば約 1m で、40 度前後の急傾斜面の割に比較的厚い。$5<N_c<30$ の遷移層を合わせた厚さは 1〜2m 程度となる。尾根最上部の L-0 地点では $N_c<30$ の層厚は 6m 以上と、他の試験地と比べても最大級の厚さとなっている。

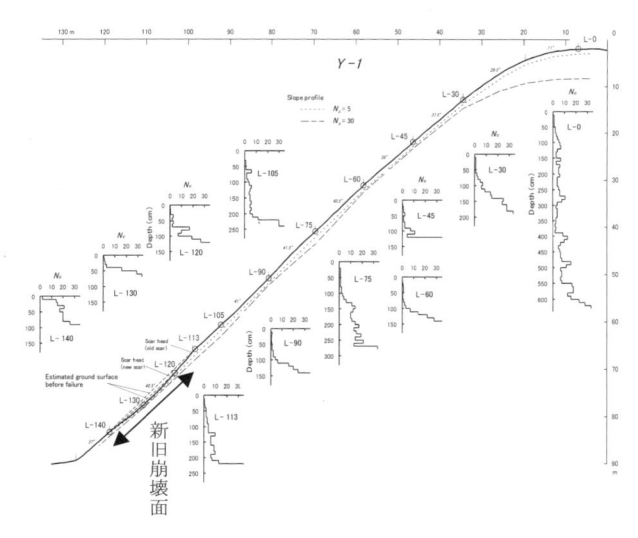

図 2.42 軽米の急斜面における崩壊予備物質の分布

3) 斜面崩壊位置と崩壊履歴に関する検討

まず、以下の i)、ii)で、同じ北上山地で実施された 2 つの研究事例を紹介する。それを参考として、iii)で本調査斜面の形成時期や崩壊履歴を推定し、iv)で非多雨地域における後氷期開析前線と崩壊の関係について検討する。

ⅰ）（独）森林総合研究所 吉永秀一郎氏らの研究

吉永ほか(1989)は、本調査地の南 50km に位置する岩手県下閉伊郡岩泉町砂子の小本川沿いの斜面について簡易貫入試験や年代分析等の調査を行い、過去１万年の崩壊履歴を明らかにした。以下に要点を示す。

① 斜面の分類と形成時期（図 2.43 と図 2.44）：調査斜面は、明瞭な遷急線により上位山腹斜面（平均傾斜30度の浅い０次谷）と下位山腹斜面（傾斜 40〜45 度の急斜面）に分けられる。下位山腹斜面はその基部を過去１万年の間に堆積した崖錐に覆われているため、それ以前から存在していたものである。すなわち、後氷期開析前線の下部斜面ではない。

② 崩壊発生位置と崩壊履歴（図 2.44 と図 2.45）：崩壊は上位山腹斜面の下部で発生する。杓子状凹地は最新の崩壊面である。下位山腹斜面には樋状凹地が形成されているが、この部分は崩壊発生源ではなく、上部からの崩壊土砂の通過（運搬）斜面である。下位山腹斜面の基部を覆う崖錐は上位山腹斜面からの崩土が堆積したものである。崩土の間に挟まれた火山灰や腐植層（昔の地表面の跡）の年代分析により、上位山腹斜面は過去１万年の間に少なくとも４回崩壊したと推定される。

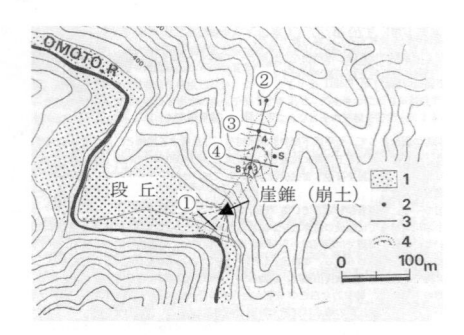

図 2.43　調査地周辺の地形図と簡易貫入試験の測線位置図
（吉永ほか、1989 の図に加筆）
（測線①は図 2.45 に、②〜④は図 2.46 に対応する）

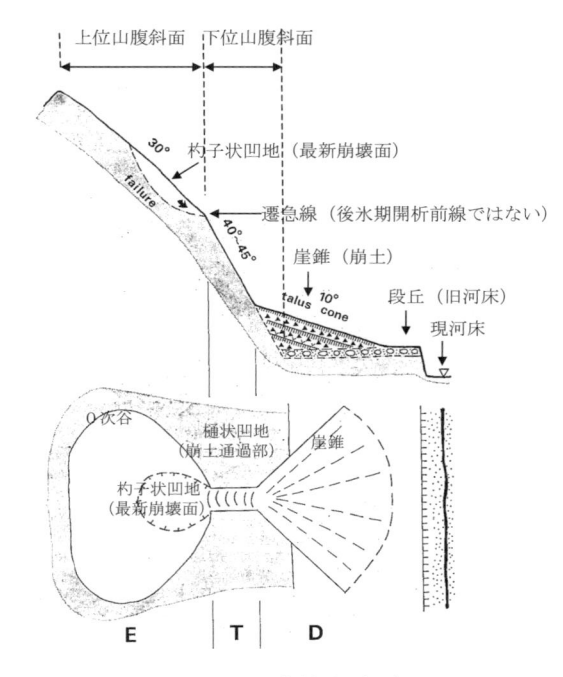

2. 表層崩壊予備物質としての土層　81

図 2.44　調査斜面の概略図
（吉永ほか、1989 の図に加筆。E：侵食域、T：運搬域、D：堆積域）

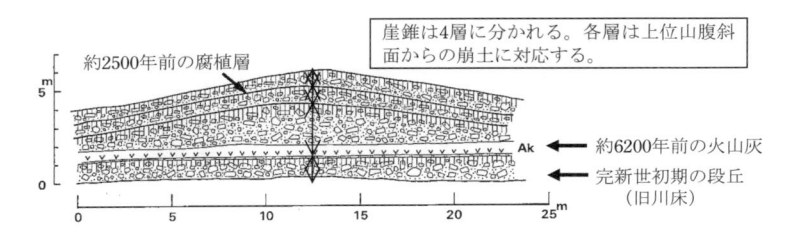

図 2.45　崖錐の断面図（吉永ほか、1989 の図に加筆修正）
（火山灰層（年代は最新の推定値に修正）と腐植層は、ある期間安定していた昔の地表面を示す。測線①は図 2.43 参照）

③ 崩壊予備物質(**図 2.46**)：上位山腹斜面の土層が土壌匍行により下部(杓子状凹地付近)へ堆積し、それが一定量たまったときに崩壊が発生すると推定される。土層内部には火山灰層は認められず、崩壊予備物質に占める火山灰の割合は無視できる。

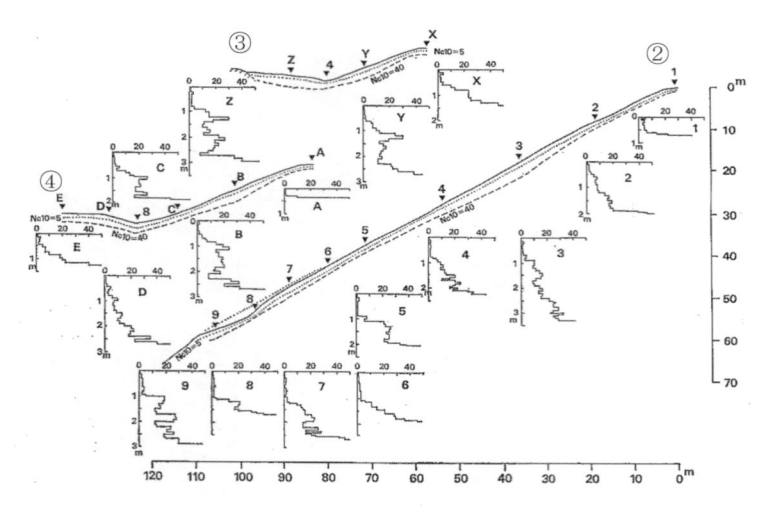

図 2.46 簡易貫入試験からみた地形・土層の断面図
(吉永ほか、1989 の図に加筆。測線②〜④の位置は**図 2.43** 参照)

ii) 岩手県立大学 吉木岳哉氏の研究

吉木(1993)は、本調査地の 4km 東にある長倉地区(**図 2.40** の□)など 2 カ所の丘陵地谷頭部を試験地として、田村(1974、1987)の方法により微地形分類を行った。そして、年代が判明している火山灰の堆積状況を調べて、微地形ごとの形成時期と侵食の履歴を明らかにした。斜面崩壊に関係する谷壁斜面についての要点を以下に示す。

① 斜面の分類と形成時期(**図 2.47** と**図 2.48**)：谷壁斜面は、高位遷急線を上限とした上部谷壁斜面(傾斜 30 度前後)と低位遷急線を上限とした下部谷壁斜面(傾斜 40 度以上)に分けられる。低位遷

急線は後氷期開析前線に対応しており、下部谷壁斜面は1万年前に始まった河川の下刻に伴う斜面崩壊により形成されたものである。一方、上部谷壁斜面は最終氷期(2万年前)には凍結融解作用による土壌匍行などにより強い面的削剥を受けていたが、その後は現在に至るまで安定している。

② 崩壊発生位置(図2.47と図2.48):崩壊は下部谷壁斜面で発生する。

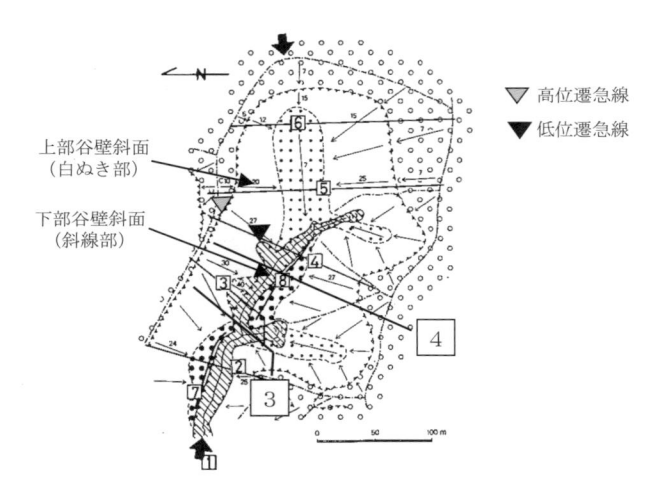

図2.47 微地形分類(平面)図と断面図(図2.48)の測線(③、④)位置図
(吉木、1993の図を修正加筆した)

③ 崩壊予備物質(図2.48):上部、下部の谷壁斜面はともに、火山灰起源の黒ボク土が表層土の大部分を占めることから、崩壊予備物質の多くは火山灰と推定される。また、基盤岩の風化がほとんど進んでいないことから、過去1万年間の表層崩壊等による正味(地山)の侵食作用はわずかと推定される。

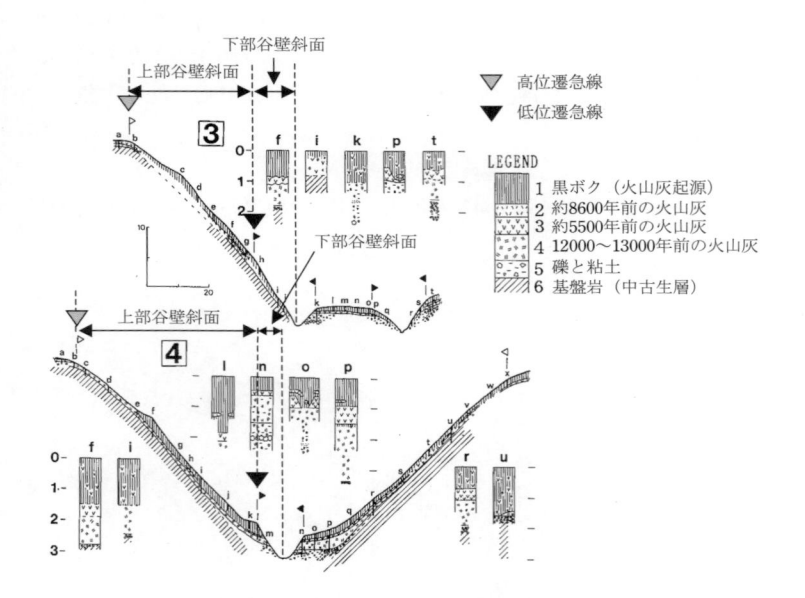

図 2.48　長倉谷頭部の地形地質断面図
（吉木、1993 の図の一部に加筆、縦横比に注意。
火山灰の年代は最新の推定値に修正）

ⅲ）本調査地の斜面の検討

以上ⅰ）、ⅱ）の結果と比較しながら、**図 2.49** により本調査地の斜面の検討を行う。

① 斜面の分類と形成時期：本調査斜面には明瞭な遷急線は存在せず、ⅰ）、ⅱ）のような斜面の区分はできない。斜面の傾斜は 40 度前後と比較的急ではあるが、大きな河川（雪谷川）に直接面した高次の谷壁斜面であることから、ⅰ）の上位山腹斜面に対応するものと推定される。現在の山地・丘陵地の起伏を決定づけている大きな河川の谷壁斜面の概形は最終間氷期（1.4 節(2)参照）に形成されたものとされており（吉木、1997 など）、本調査斜面の概形も同じ

時期に形成されたと推定される。一方、丘陵地の低次（1次谷）の谷頭部に相当するⅱ）の斜面との比較は難しいが、斜面概形の形成時期からみれば、上部谷壁斜面に対応すると推定される。

② 崩壊発生位置：本調査斜面下部の小崩壊跡は、ⅰ）の杓子状凹地に対応したもので、過去1万年の崩壊もこの部分に限定されていたと推定される。これは、当地域が非多雨地域であるために、斜面上部の土層まで飽和させて斜面全体を崩壊させるような大規模な豪雨が発生しなかったことによるものと思われる。ただし、斜面の傾斜は40度と大きく、また、図2.42に示したように土層深も1m程度と急傾斜のわりに厚いので、地球温暖化に伴う雨量の増加により、将来的には斜面全体に及ぶ大規模な表層崩壊が発生する恐れがある。以上の検討結果を図2.49にまとめる。

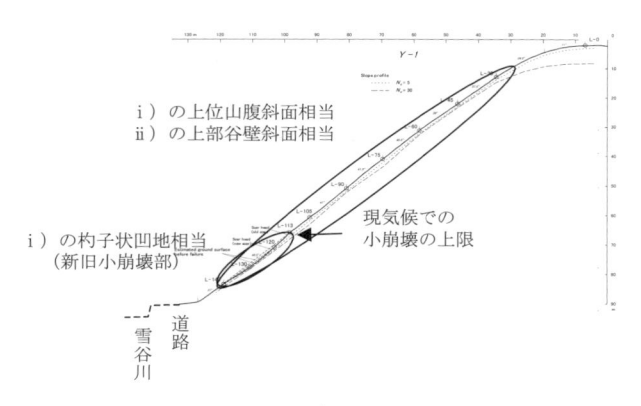

図2.49 本調査斜面とⅰ）、ⅱ）調査斜面との対応

③ 崩壊予備物質：ⅰ）の上位山腹斜面の下部の杓子状凹地と同様に、本調査斜面の下部にも周辺からの土層が堆積して崩壊予備物質となり、それが一定量たまったときに崩壊が発生すると推定される。なお、本調査地周辺の尾根部には八戸南部火山灰が1mもの厚さで堆積しているので（吉木氏私信）、急斜面部の匍行土にも相当量

の火山灰が含まれているものと推定される。

以上、ⅰ)、ⅱ)、ⅲ)の比較結果をまとめると**表2.3**になる。

表2.3 調査斜面の比較

	ⅰ) 吉永ほかの 調査斜面	ⅱ) 吉木の 調査斜面	ⅲ) 筆者らの 調査斜面
地質	中・古生層	中・古生層	中・古生層
斜面の位置	高次谷谷壁 (小本川)	1次谷谷壁 (新井田川谷頭部)	高次谷谷壁 (雪谷川)
遷急線	明瞭 (局所的河川側刻)	明瞭 (後氷期解析前線)	不明瞭
上部斜面の長さ/傾斜	110m/30度	50m/25〜30度	100m/40度
下部斜面の長さ/傾斜	100m/40〜45度	10〜20m/40度	−
斜面崩壊の位置	上部斜面の下部 (杓子状凹地)	下部斜面	斜面の下部 (新旧崩壊部)
崩壊予備物質	残積土、匍行土	黒ボク・匍行土	黒ボク・匍行土

(注) 河川(谷)の次数：河川は合流を繰り返しながら源流から河口に至る。地形学では、河川(谷)を1本の線で表し、流域全体の合流の様子を水系網と呼ばれる図で表現する。その形状は一般的には樹枝状となる。水系網の各線分には上流から下流に向けて増加する次数が付けられる。次数の付け方の規則としては、最も上流(源流)の河川を1次(谷)とし、同じ次数の河川が合流するたびに2次、3次と1つずつ増やすが、より低い次数の河川と合流した場合には次数は変わらないという方法(ホートン・ストレーラ法)が一般的である。また、高次の谷、低次の谷というのは、特定の次数で分けているわけではなく、相対的な呼び方である。

ⅳ) 低次谷と高次谷の斜面における後氷期開析前線と崩壊の比較
◇後氷期開析前線

1次谷の谷壁のⅱ)調査斜面には明瞭な後氷期開析前線がみられる。一方、高次谷の谷壁のⅰ)調査斜面とⅲ)本調査斜面はいずれも長大な斜面であるが、後氷期の河川の下刻量はわずかで明瞭な後氷期開析前線は形成されていない。

これについては、以下のことが推定される。

一般に河床の侵食速度は、河川の侵食力と河床基盤の抵抗力（強度）の相対的な関係で決まる。1次谷は高次谷と比較して、集水面積が小さいので流量も少なく侵食力も小さい。しかし、1次谷は一般に標高が高く河床基盤の風化が進んで軟岩となっているために、標高が低く河床基盤の風化が進んでいない高次の谷よりも河川の下刻が進みやすい。その効果が流量の少なさを補うことで、後氷期開析前線が形成されやすかったと推定される。

◇崩壊位置

当地域の崩壊発生位置に着目すると、1次谷の後氷期開析前線の下部斜面（過去1万年間に形成）における崩壊と、高次谷のより古い斜面での崩壊の2種類がある。

1次谷の谷壁のii）では、羽田野（1979）の指摘どおり、後氷期開析前線の下部で崩壊が発生している。一方、i）、iii）の高次谷の谷壁斜面では、後氷期開析前線とは直接関係なく、土層の生成（集積）速度と非多雨地域での飽和側方浸透流の発生頻度に応じて、小規模な表層崩壊を繰り返しているものと推定される。i）、iii）とも、斜面概形の形成年代は最終間氷期と推定されるが、後氷期開析前線の上部でも過去1万年の間に表層崩壊が何度も発生しており、羽田野の指摘とは合わない。

◇非多雨地域の土層深

「非多雨地域では、多雨地域と比較して相対的に土層深が大きくなる」との当初の仮説に関しては、確かに、当地域でも相対的に土層深が厚いようにみえる。ただし、ii）、iii）の調査斜面では、その多くは現位置での風化によって形成された風化残積土ではなく、外来の火山灰が主体のようである。これについては、風化速度が比較的遅い中・古生層であることも影響していると推定される。竹下（1985）は、細粒分（粘土・シルト）を生成する化学的風化速度が物理的風化速度と比較して非常に小さいことから、九州における山地斜面の細粒分の多くは火山灰であることを指摘したが、当地域でも同様のことが指摘できる。

(6) 崩壊規模の異なる細粒泥岩と粗粒泥岩の土層—北海道日高—

　地質や岩種は崩壊密度だけでなく崩壊の規模や形態にも影響する。ここでは、同様の降雨で規模の異なる崩壊がみられた2種類の泥質岩に関する比較研究（若月ほか、2009）を紹介する。なお、ここでの小規模・中規模・大規模というのは、当地域の相対的な崩壊規模である。

1) 調査地概要

　調査地は北海道日高地方の西部地区である。図 2.50 に調査地の地形・地質図を示す。2003年8月9日から10日未明にかけて、台風10号の接近に伴う豪雨により、当調査地を含む日高地方全域で崩壊が多発した。年降水量が1200mm程度の当地域において、その時の最大時間雨量50mm、最大24時間雨量350mm以上という降雨は非常に稀であった。この崩壊は非多雨地域における斜面崩壊の典型といえる。また、当地域には多様な地質が分布しており、斜面崩壊の頻度や規模に大きな影響を与えたことが報告されている（石丸ほか、2003）。

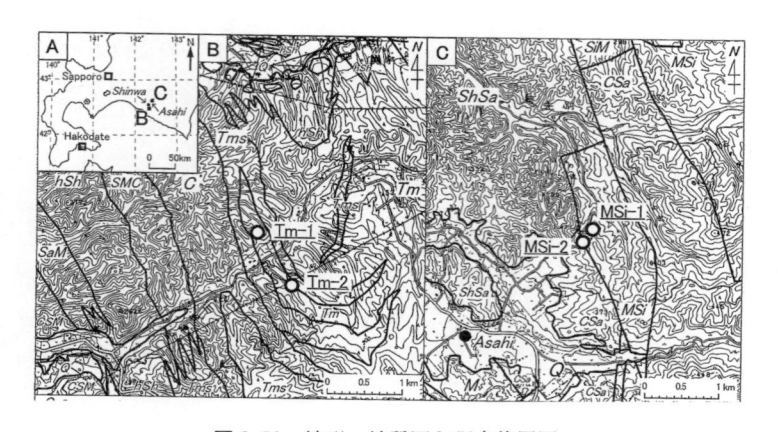

図 2.50　地形・地質図と調査位置図
（若月ほか、2009。旧地質調査所、1/50000 地質図）
Tm：中新統・元神部層凝灰質泥岩
MSi：白亜系・上部蝦夷層群泥岩およびシルト岩

2) 調査の方法と結果

ここでは、災害時の雨量は同程度であったにもかかわらず、小規模な崩壊が多発した凝灰質泥岩(Tm。以下、細粒泥岩とする)と、数は少ないが比較的規模の大きな崩壊が発生した泥岩およびシルト岩(MSi。以下、粗粒泥岩とする)という2種類の泥質岩に着目して、比較調査を行った。なお、細粒泥岩、粗粒泥岩というのは土粒子自体の粒径ではなく、後述の乾湿風化による風化生成物の粒径(後述)である。

◇斜面形および崩壊状況の概況比較

まず、現地踏査により斜面形および崩壊の規模と頻度に関する観察を行った。結果は以下のようにまとめられる。

- 細粒泥岩地域:**図2.52**のTm-1のように、斜面の縦断形は2つの遷急線(L-13とL-38)により上部・中部・下部に分けられる。そして、主に下部斜面で長さ10m以下、深さ0.5m程度の小規模な崩壊が多数発生した。崩壊密度(谷沿い100m当たりの崩壊個数)は2〜10個/100mである。また、崩壊密度は1〜2個/100mと少ないが、中部斜面でも長さ20〜30m、深さ0.8〜1.5m程度の中規模の崩壊が発生した。
- 粗粒泥岩地域:**図2.52**のMsi-2のように、斜面の縦断形は1つの遷急線(L-42)により上部と下部に分けられる。ここでは長さ30〜40m、深さ3〜4m程度の比較的大規模な崩壊が、主に上下斜面の境界部で遷急線を後退させる形で発生した。崩壊密度は1〜2個/100mである。以上をまとめると**表2.4**のようになる。

表2.4 細粒泥岩地域と粗粒泥岩地域の崩壊状況の比較

	細粒泥岩地域		粗粒泥岩地域
斜面分割数	3(上・中・下部)		2(上・下部)
崩壊位置	下部	中部	上下境界部
崩壊長(m)	<10	20〜30	30〜40
崩壊深(m)	0.5	0.8〜1.5	3〜4
崩壊密度(個/谷沿い100m)	2〜10	1〜2	1〜2

◇代表斜面における地形・崩壊規模・地盤構造の比較

次に両地域から代表的な崩壊斜面 Tm-1, 2 および MSi-1, 2(図 2.50 参照)を選び、各種の試験や実験を実施した。Tm-1 と MSi-2 の崩壊写真を図 2.51 に示す。斜面の傾斜と崩壊規模の比較を表 2.5 に、地形と土層断面の比較を図 2.52 に示す。断面図の点線は周辺の地形から推定した崩壊前地形である。また、簡易貫入試験(崩壊の約 1 年後に実施)による N_c 値の等値線を点線($N_c=5$)、二点鎖線($N_c=10$)、破線($N_c=30$)で示している。ここでは $N_c>30$ の地盤を基盤と呼ぶことにする。

比較の結果は以下のようにまとめられる。

- 細粒泥岩斜面(Tm-1):年代の判明している火山灰の分布から、下部斜面では 2003 年崩壊を含めて 3 回の崩壊が確認された。2003 年の崩壊規模は長さ 2m、幅 3m、深さ 0.35m と最も小さかった。崩壊面の平均勾配は 48 度と急である。斜面の上部(尾根部)では土

細粒泥岩代表斜面 (Tm-1)　　　　　　　　粗粒泥岩代表斜面 (MSi-2)

図 2.51　細粒泥岩と粗粒泥岩の各代表斜面(若月ほか、2009)

表 2.5　細粒泥岩と粗粒泥岩の代表斜面の比較

	細粒泥岩 (Tm-1)	粗粒泥岩 (MSi-2)
斜面傾斜(度)	48	30
崩壊規模(長さ/幅/深さ m)	2/3/0.35	40/24/3.7
傾斜部の土層と基盤の境界	明瞭	不明瞭

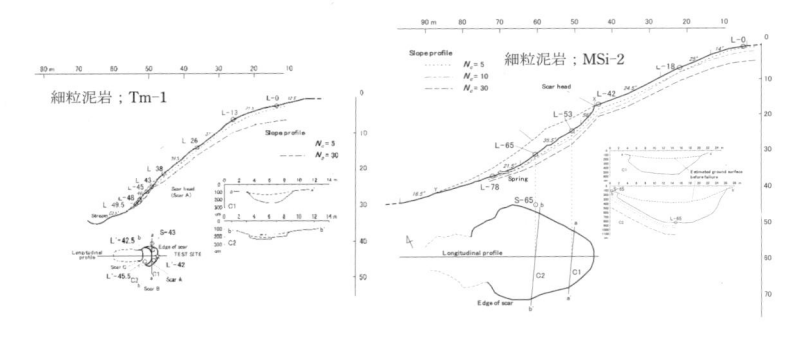

図 2.52 両地質の代表斜面の地形と土層構造の断面図(若月ほか、2009)

層($N_c<5$)・風化層($5<N_c<30$)ともに厚いが、斜面を下るにつれて風化層が薄くなり、土層と基盤の境界がシャープになる。

・粗粒泥岩斜面(MSi-2):2003年の崩壊規模は長さ40m、幅24m、深さ3.7mと比較的大きかった。崩壊面の平均勾配は30度と緩やかである。斜面全体で土層・風化層ともに厚く、土層と基盤の境界は不明瞭である。**図 2.52** の右図の断面図では特に、地表面に平行な N_c 値の等値線が崩壊面にも平行になっていることが注目される。これは、崩壊直後の除荷(土層の重しがなくなること)による地盤の緩みか、あるいは崩壊後のわずか1年程度の間に崩壊面で急速な風化が進行したことを示唆している。

◇粒度と浸透能の比較

両地質の滑落崖(トレンチ断面)で実施した粒度分析と浸透能試験の比較結果を**表 2.6** と以下にまとめる。

・細粒泥岩:土層の細粒分(粘土とシルト)が52%を占める。浸透能は、土層では4700mm/時、基盤では120mm/時であり、土層と基盤の相対的な違いは明らかである。無降雨日にも土層と基盤の境界部はかなり湿っていたことと併せて考えると、基盤は難透水層と推定される。

・粗粒泥岩：土層の細粒分は25％と細粒泥岩の約半分であり、粗粒分(砂と礫)が多い。浸透能は、土層で2000mm/hrと大きいだけでなく、基盤でも7100mm/hrとさらに大きい。無降雨日に土層と基盤の境界部は乾燥していたことと併せて考えると、基盤は難透水層とはならず降雨が深部にまで浸透することが推定された。

表2.6 両地質の代表的斜面の地盤物性比較

		細粒泥岩 Tm-1	粗粒泥岩 MSi-1
土層の細粒成分(%)		52	25
浸透能(mm/h)	土層	4700	2000
	風化基盤	120	7100

◇乾湿風化の比較

両地質の3個ずつの非整形岩石試料(それぞれ①〜③とする)を用いて、乾湿風化試験(スレーキング試験)を実施した。これは、24時間炉乾燥(110℃)と24時間浸水の乾湿作用を繰り返し与えて、試料の風化(破壊)状況をみる試験である。その際、各サイクルの炉乾燥の後に篩(ふるい)で2.83mm以下の細粒分を落とし、残った試料と初期試料の重量の割合を風化残留率WR(％)として乾湿風化の指標とした(図2.53)。図2.54は各乾湿サイクル後の比較写真である。両地質とも浸水開始とほぼ同時に破壊し始め、大部分の破壊は浸水後数分以内に終了したが、以下のような違いがみられた。

・細粒泥岩：風化生成物は粘土状の細粒成分である。試料②のWRは5サイクル目で早々と0％となったが、他の試料でも15サイクル目には5％以下まで減少した。乾湿風化速度は粗粒泥岩よりもはるかに速い。

・粗粒泥岩：長径が3〜8mmの大きさの薄層状(タマネギ状)の岩片までは容易に分解されるが、それ以上の細粒化は進みにくく、試験終了時の15サイクル目でも全試料ともにWRは60％以上で

あった。乾湿風化速度は細粒泥岩と比較して遅い。

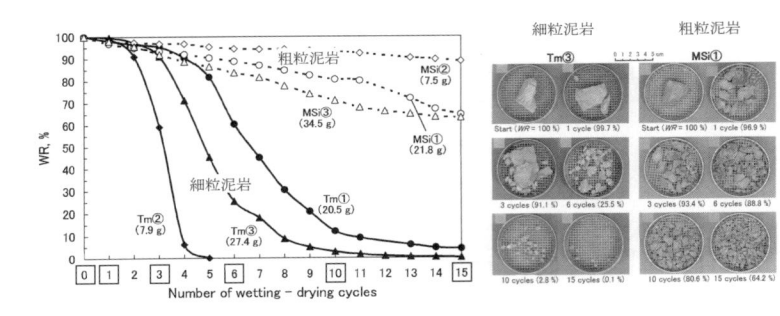

図2.53 乾湿風化試験結果の比較図（若月ほか、2009）（□で囲んだサイクル数は**図2.54**の写真に対応）

図2.54 乾湿風化試験結果の比較写真（若月ほか、2009）

3） 細粒泥岩と粗粒泥岩の斜面の変化過程

以上の結果から推定される、崩壊による両地質の斜面の変化過程を**図2.55**にまとめ、以下で説明する。その際、乾湿風化の風化生成物の粒度の違いに着目して推論を行った。

・細粒泥岩斜面：Tm-1のような小規模の表層崩壊が下部斜面で頻繁に発生する。崩壊後は、崩壊面での乾湿風化により細粒化した風化生成物が基盤のクラックを充填する。さらに、浸透水による粘土鉱物（X線分析によりスメクタイトを確認）の膨潤作用によってクラックに隙間がなくなり、基盤の透水性が悪くなって難透水層となる。その結果、基盤の乾湿風化が進みにくくなり土層や風化層は比較的薄くなる。また、豪雨時には基盤への浸透が妨げられて土層内に飽和側方浸透流が発生し、表層崩壊を引き起こす。このような下部斜面での崩壊の繰り返しにより、中部斜面の足元が侵食されて不安定になると、Tm-2のような中規模の崩壊が発生する。このような、発生頻度の異なる下部斜面と中部斜面の崩

壊の繰り返しによって斜面が後退する。
・粗粒泥岩斜面：発生頻度は小さいが、豪雨時に MSi-2 のような比較的大規模な崩壊が発生する。崩壊後は、崩壊面の乾湿風化による風化生成物が粗粒なので、基盤のクラックに入りにくく、また入ったとしても隙間が多いので細粒泥岩のような基盤の透水性の低下は生じない。その結果、降雨や空気の流入により基盤の乾湿風化が促進されて土層や風化層が厚くなる。また、豪雨時には土層内に飽和側方浸透流が形成されにくく、表層崩壊も発生しにくい。しかし、図 2.55 に示すように、基盤内への浸透により平時から地下水面が形成されており、豪雨時にはそれが上昇してパイピングによる崩壊が発生する。

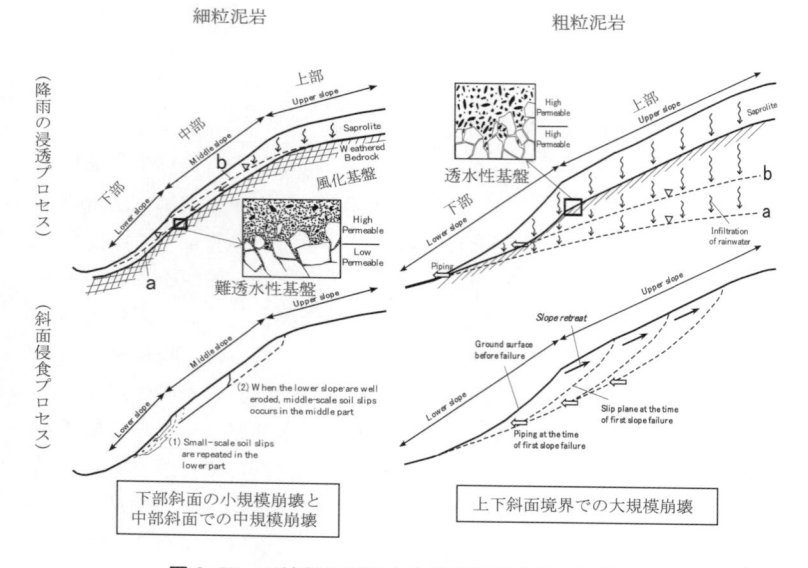

図 2.55 両地質の浸透水と斜面発達機構の比較図
（若月ほか、2009 の図をもとに作成）
a：少雨時・平時の地下水面、b：豪雨時の地下水面

その際、土層や風化層が厚いので細粒泥岩の崩壊と比較すると相対的に規模の大きな崩壊となる。このような崩壊の繰り返しによって滑落崖(=遷急線)が斜面上方に後退する。

(7) 土層調査の課題

以上、崩壊予備物質の分布に関する各地の調査事例を紹介したが、データ数も少なく、一般化するには不十分である。個々の研究者の調査には限界があり、行政などによる全国的な調査が当分望めそうもない現状では、調査事例の全国的なデータベース化が望まれる。また、崩壊予備物質の前段階としての風化層の分布についても同様である。さらに、後氷期開析前線と崩壊予備物質の関係や崩壊予備物質の成長速度について、テフロクロノロジーやデンドロクロノロジーを駆使して興味深い研究が進められているが、このような崩壊予備物質の成長に関する知見についてもデータベース化が望まれる。

これらのデータを集積して分析することで、どのような場所に崩壊予備物質が分布しているのか、また、その経年的な変化状況(例えば、長期的にみた場合に、崩壊による除去により崩壊予備物質が減少する一方なのか、再生産により、ほとんど変わらないのか)などが明らかになると期待できる。さらに、地形・地質・地域性(降雨確率など)と崩壊予備物質の分布の関係を明らかにすることで、より精度の高い崩壊予測が可能となる。

2.2 土層の種類と成因

土層は表層崩壊の重要な素因であり、また長期的にみた場合、同じ場所で崩壊が繰り返し発生するためには、土層の回復が必要となる。土層を成因によって分類すると、化石土・風化残積土・運積土・風積土となるが、**図 2.56** にそれぞれの土層の分布概念図を示す。

化石土・風化残積土・風積土は2次的な移動の過程で運積土となるなど区別が困難な場合も多いが、それぞれの土層の種類と特徴を以下に示す。

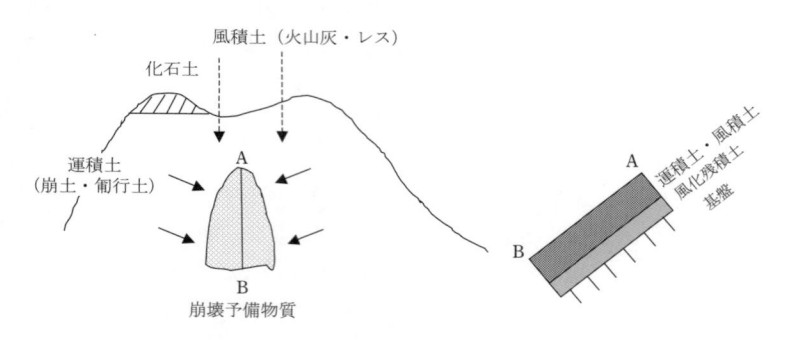

図 2.56 崩壊予備物質の分布概念図

(1) 化石土

気候や火山活動などが現在の環境と異なる過去のある時代に生産されて、現在まで残っている土は化石土と呼ばれる。当然、化石土は侵食作用が及びにくい尾根部や緩傾斜部に多くみられる。また、過去に大量に生産されたために、全部が侵食されずに現在まで残っている場合もある。代表的な化石土を以下に挙げる。

◇周氷河堆積物

1.4節で述べたように、200万年前から現在まで続く第四紀には、地球的規模で何回もの氷期が到来した。特に2万年前の最終氷期には、わが国でも北日本や高山を中心に周氷河気候の環境下にあり、凍結融解作用により大量の礫が生産された。その後の温暖化に伴う雨量の増加により、その多くは削剥されてしまったが、斜面の基部などに崖錐として残っている場合も多い。

◇深層風化層

花崗岩に代表される深層風化層は、地殻変動に伴う基盤岩の破壊によって浸透水が地下深部まで到達するようになり、さらに地下深部から供給されるCO_2を合わせた化学的風化により長時間かけて生成されたと推定されている(北野ほか、1967)。そして、地殻変動で押し上げ

られたり上部の地層が侵食されたりすることで、地表近くにも分布するようになったと考えられている。いずれにしても、現在の地表部の風化環境下で生成されたものではないので、現成の風化生成物と区別される。

◇過去の大規模火山噴出物

現在の噴火活動とは比較にならないような大規模な過去の火山噴火で大量に生産され、現在でも斜面全体を覆っている火山噴出物がある。後述の風積土の一種でもあるが、ここでは現成の火山噴出物と区別して化石土とする。当然、火山が多く分布する九州・東北・北海道に多い。九州南部のシラスが代表的な例であるが、各地の火山周辺には噴火履歴に応じた火砕流堆積物や火山灰が分布している。広域火山灰として全国的に重要な年代の鍵層となっているアカホヤ火山灰(7300年前)やAT(姶良丹沢)火山灰(27000年前)などは、九州南部の火山を起源として関東地方や東北地方にまで達している。

竹下(1985)は、九州全域で斜面崩壊が多発しているにもかかわらず、基盤岩の化学的風化速度では説明できないほどの多量の細粒分(粘土・シルト)が山地斜面に分布していることから、九州の斜面における細粒分の多くは過去の火山灰起源ではないかと推定している。

◇赤色土

赤色土は熱帯・亜熱帯地域では現成の土壌であるが、温帯地域に属している我が国でもところどころに分布している。松井・加藤(1962)によれば、(古)赤色土(赤色風化殻)は過去のより温暖な時期に形成されたものである。西日本を中心に小起伏丘陵地の尾根部などに多く残されている。温暖な時期の長時間の化学的風化作用により、その多くが粘土にまで細粒化しており、浸透性は悪い。

(2) 風化残積土

地表近くの基盤岩石が原位置で風化して土層化したものは風化残積土と呼ばれる。現在と同じ風化環境のもとで生産され続けている現成の土層である。風化作用は、物理的風化作用・化学的風化作用・生物

的風化作用の3つに分類される。物理的風化と生物的風化は浸透水や温度変化、あるいは植物や動物の影響を受けやすい地表面で最大となる。斜面では重力の影響により多少とも下方へ移動するため、原位置から移動しないという厳密な意味での風化残積土は存在しない。風化作用により岩石の細粒化が進むが、急斜面では崩壊によってそのつど土層が除去されて風化時間が短くなるために、粒度の大きな未成熟土が分布する。一方、侵食作用が及びにくい尾根部では長時間の風化作用によりシルトや粘土まで細粒化が進んでいる。

(3) 運積土

元は化石土・風化残積土・風積土であった土層が斜面下方へ移動して、斜面に2次的に堆積する場合は運積土と呼ばれる。運積土は、緩慢な土壌匍行(クリープ)により長時間かけてもたらされる匍行土と、上部斜面の崩壊により短時間でもたらされる崩土の2種類に分けられる。いずれも移動の過程で元の構造や組織は撹乱されることが多い。

◇匍行土

土層や土粒子が徐々に斜面下方に移動する現象を土壌匍行という。直接的な原因は、凍結融解作用、乾湿作用、雨滴の衝撃や動植物の作用など様々であるが、いずれにしても何らかのきっかけで、土層や土粒子が変位する場合は、重力の作用により全体として斜面下方に移動する。土壌匍行は斜面形の変化をもたらすプロセスのひとつとして、古くから注目されていたが、特に森林斜面での実態は必ずしも明らかではない(園田、1996)。表層崩壊に対する役割についても、不明な点が多いが、0次谷など斜面の凹地には匍行土が厚く堆積していることが多く、崩壊予備物質の重要な成分となっていることは間違いない。また、植生に覆われた一般の斜面でも、伐採など人間活動の影響によってハゲ山化が進むと、表流水の影響により匍行速度が加速する。そして、多量の匍行土が凹地や斜面下部に堆積して崩壊予備物質となる。

◇崩土

斜面崩壊は、一般には侵食作用のひとつと考えられている。しかし、

特に斜面長が長い場合や傾斜が緩い場合には、1回の崩壊ですべての崩土が斜面基部や河床まで運搬されることはほとんどなく、崩土は崩壊の繰り返しによって徐々に下方へ運搬される。竹下(1985)は、崩土が斜面の途中に堆積することで次の崩壊予備物質となる場合が多いことから、斜面崩壊が堆積プロセスとしても重要であることを指摘した。

(4) 風積土

空中を飛来して地表に堆積する土層は風積土と呼ばれる。わが国で問題となる風積土は火山灰と黄砂である。

◇火山灰

全国各地に分布している火山の多くで、現在でも噴火活動が繰り返されており、噴火の規模に応じた量の火砕流堆積物や火山灰(テフラ)が火山を中心として堆積する。日本では偏西風の影響により、火山灰は噴出源(火山)の東側により多く堆積分布する。火山周辺に分布が限定される火砕流堆積物と異なり、火山灰は遠く離れた地域にも飛来して土層の細粒成分の一部となっている。

◇黄砂

わが国では毎年、特に春先に中国の黄土高原から飛来する黄砂が気象現象のひとつとして知られている。偏西風によって長距離を運ばれてくるために、粘土・シルトの細かい土粒子に限られる。不定期に発生する火山噴出物と異なり、微量でも毎年飛来することから、その累積量は無視できないと推定される。土層の成長速度や表層崩壊の再現期間を検討する際に、土層全体に占める黄砂の割合は興味深く、今後の研究が待たれる。

2.3 土層の生成速度

崩壊の免疫性や周期性に土層の生成(回復)速度が強く影響しているのは明らかである。しかし、それについては長い間具体的なデータがほとんどなく、ブラックボックスに近い状態であった。1980年代に入り、樹木年代学などの手法を用いてそれを一気に打破したのが、鹿児

島大学の下川悦郎氏と共同研究者による一連の研究である。彼らは土層の生成速度が比較的速い花崗岩類とシラスの急斜面において、数10年～数100年の間の土層の変化を詳細に調査して、表層崩壊の免疫性や周期性と土層深の関係を明らかにした。以下、その概要を紹介する。

(1) 花崗閃緑岩地域における土層の生成速度

下川(1983)およびShimokawa(1984)は、花崗閃緑岩からなる鹿児島県の紫尾山において、空中写真判読・現地踏査(滑落崖調査)・樹齢調査・土層調査を行い、崩壊時期や崩壊後の植生と土層の回復過程を明らかにした。結果は以下のようにまとめられる。

◇崩壊後の植生の回復

土層の成長には樹木や草といった植生が大きな役割を果たしている。従来、植生の崩壊防止効果がよく知られているが、土層の成長を促すことで崩壊を促進する逆の効果もあることに注意すべきである。崩壊後の崩壊跡地(崩壊面)には、最初に先駆植生となる陽性植生(日向を好

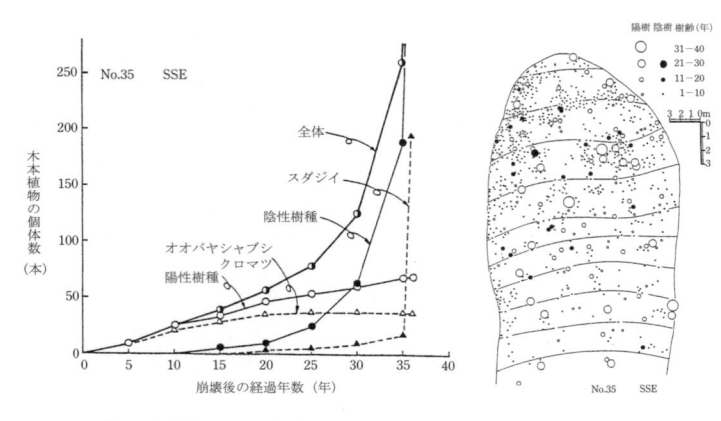

図2.57 崩壊跡地における木本植生の侵入と推移(下川、1983)
(オオバヤシャブシ・クロマツは陽性樹種の内数、スダジイは陰性樹種の内数)

図2.58 崩壊地における侵入木本植生の樹齢分布(下川、1983)

む草木)が侵入する。そして、植生の数や規模が増加して日当たりが悪くなるに従い、後継植生となる陰性植生(日陰を好む草木)が優勢となっていく(図 2.57 と図 2.58)。このような植生の侵入と並行して、土層の成長が同時的に進行する。

崩壊面で新たに生成される土層は、他の場所から移動してきて堆積する堆積土(2.2 節の運積土とほぼ同じ意味と思われるが、ここでは原著論文の名称に従う)と、基盤の風化により現位置で生成される風化残積土の 2 成分からなる。堆積土と風化残積土の回復は以下のとおりである。

まず、崩壊面や滑落崖から移動してきた土砂が先駆樹木の回りに捕捉されて堆積土が成長する。そして、崩壊面の安定に伴って 20 年～25 年で土砂移動が停止し、堆積土の厚さも 20cm 程度で頭打ちとなる(図 2.59)。次に、堆積土と入れ替わる形で、風化残積土の成長が顕著になる。これは樹木の根茎の発達などにより地盤が緩んで乾燥密度の低下が深部に及ぶからである(図 2.60)。この過程では粒径分布に変化が生じないことから、主に物理的風化(樹木の根の作用を含む)が卓越すると考えられる。堆積土と風化残積土を併せた土層全体の成長は図 2.61 のとおりである。なお、崩壊深と土層の生成速度の関係から、当地域の崩壊の免疫期間は約 200 年と推定された。

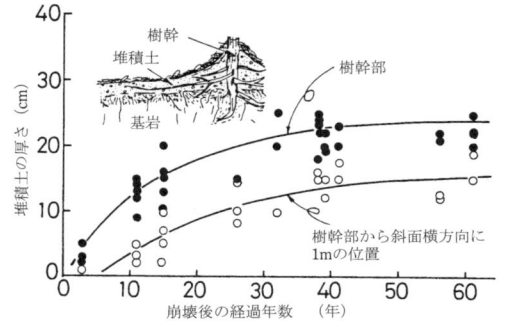

図 2.59　堆積土厚さの経年変化(下川、1983)

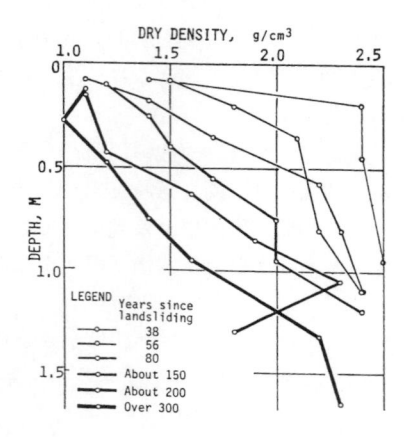

図 2.60　乾燥密度の経年変化(Shimokawa、1984)

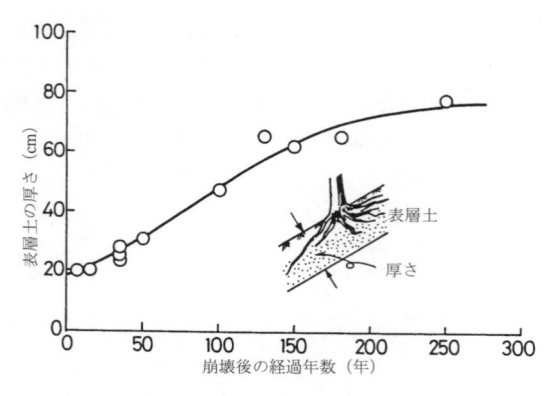

図 2.61　表層土厚さの経年変化(下川、1983)

(2) 花崗岩地域における土層の生成速度

　下川・地頭園(1984)は花崗岩からなる屋久島において、(1)と同様の手法により多数の崩壊跡地の崩壊時期を推定し、斜面全体の崩壊回帰年を明らかにした。結果を以下にまとめる。

2. 表層崩壊予備物質としての土層

◇崩壊履歴の指標としてのスギ

　スギは陽性の植生で、林冠で密に被覆された林地内への侵入は困難である。そのため、林地を破壊する斜面崩壊や土石流がスギの更新に役立っている。また、崩壊跡地への先駆木本植物として、スギは侵入時期が最も早く個体数も多いため、崩壊時期の指標として適している。このスギを用いて小流域での崩壊履歴と崩壊回帰年が明らかにされた。

◇崩壊回帰年と土層の成長

　小流域の崩壊跡地の崩壊後経過年数は、数十年から1000年近くと様々である。そして、崩壊後の経過年数によって、10個以上のグループに分けることができた。それゆえ、当小流域では数十年～数百年の間隔で場所を変えながら順次崩壊が発生し、急斜面全体を崩壊跡地がカバーしていると推定される。これは、清水ほか(1995)や第5章に示す飯田(1996)のモデルの考え方と同じである。そして、最長経過年数が約1000年であることから、同じ場所での崩壊回帰年(周期または再現期間)は約1000年と推定された。崩壊時期が判明している2つの土層断面を図2.62に示す。仮にB-C層境を潜在的な崩壊面でかつ土層の下面とすれば、土層は崩壊後180年で60cm、830年で138cmの深さ(鉛直)まで成長したことが分かる。

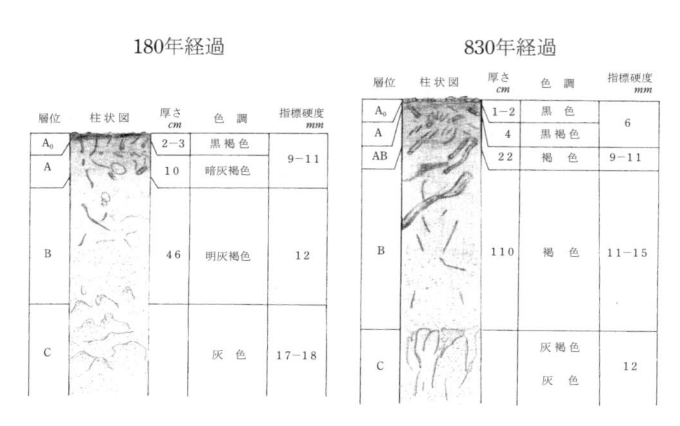

図2.62　崩壊後経過年数ごとの崩壊跡地の土層断面(下川・地頭園、1984)

(3) シラス地域における土層の生成速度

下川ほか(1989)は鹿児島県のシラス台地の急斜面において、(1)、(2)と同様の手法により多数の崩壊跡地(崩壊面)の崩壊時期を推定した。さらに、地形、表層土厚、表層土の物性との関係を検討して崩壊予測を行った。結果は以下のようにまとめられる。

◇土層の成分と成長過程

シラス斜面の崩壊跡地では、地盤の乾燥密度の低下と土層(緩んだ地盤)厚の増加という形で現位置風化が進行する(図 2.63、図 2.64)。したがって、新たに生成される土層の大部分は堆積土(運積土)ではなく風化残積土である。また、この風化過程では粒径分布に変化がないことから、主に物理的風化(植生の根による地盤の破壊を含む)が卓越すると推定される。

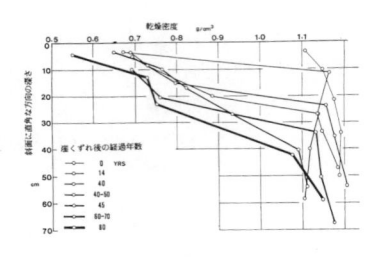

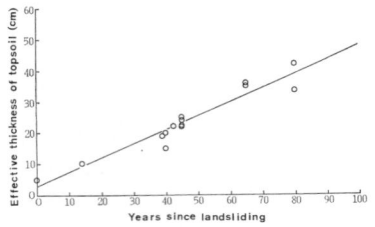

図 2.63 シラス急斜面崩壊面における乾燥密度の経年変化(下川ほか、1989)

図 2.64 シラス急斜面崩壊面における表層土の生成速度(下川ほか、1989)

◇土層厚の頻度分布からみた限界土層厚

検土杖(先の尖った鉄棒で少量の土壌採取もできる)で推定した土層厚(斜面の法線方向)の頻度分布図(図 2.65)では、60cm を超えると頻度が急激に減少するため、この厚さが概略の限界崩壊厚と推定される(飯田、1996 および本書の第 5 章では同様の考え方で、土層年齢の頻度分布を用いて崩壊確率の経年変化を検討している)。

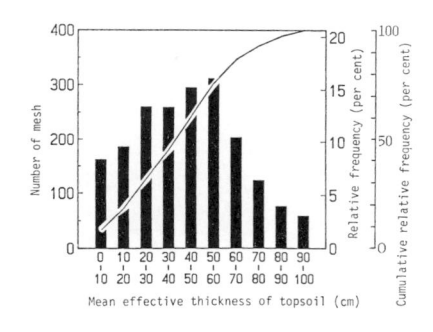

図 2.65 土層厚の頻度分布図（下川ほか、1989）

以上、花崗閃緑岩・花崗岩・シラスの地質ごとの土層生成に関する下川らの研究成果を紹介した。**図 2.66** は、これらの事例にニュージーランドにおける泥岩と砂岩の事例（Trustrum and Derose、1988）を加えて土層の生成（形成）速度をまとめたものである（松倉、1994）。泥岩と砂岩の土層の生成速度はシラスや花崗岩のそれよりも小さいが、シラスと花崗岩の生成速度は互いによく似ている。

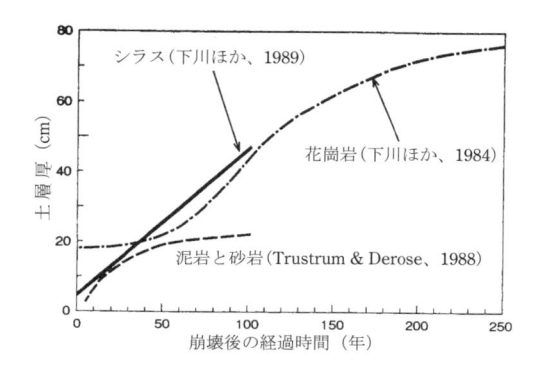

図 2.66 土層の形成速度（松倉、1994）
図中の"花崗岩"は正確には花崗閃緑岩である（下川氏私信）。

また、塚本(2002)は、松倉と同じデータを用いて、図2.67に示す表土の堆積速度図としてまとめ、特に初期の速度に着目して「集積作用支配期間」では地質によらず同じ堆積速度で近似できるとした。その理由として、表土直下の基盤物質は本来の岩石物性から大きく変化して、地質によらず類似の物性を示すためと考えた。地下深部の新鮮な母岩ではなく、地表近くの"基盤岩"の風化程度(シラスの場合は新鮮な基盤自体が軟弱)が直接的に土層の生成速度に影響するからである。

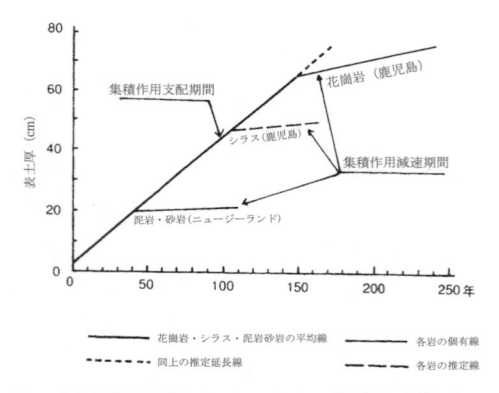

図2.67 表層崩壊跡地における表土の集積速度(塚本、2002)

さらに、堆積土(運積土)と風化残積土のいずれの生成速度にも、岩質以外に、降雨や気温といった気候条件や植生条件など様々な要因が影響を与えていることが推定される。また、堆積土(運積土)には火山灰や黄土の供給速度や土壌匍行の速度が直接的に影響すると考えられる。しかし、土層の生成速度に対するこのような要因の影響を検討するには事例が少なく、今後の課題である。

コラム　≪新鮮岩の風化速度と風化基盤の土層化速度は異なる≫

図1に示すように、新鮮な花崗岩がマサ状まで風化するためには数100万年単位の年月が必要とされている(木宮、1975)。

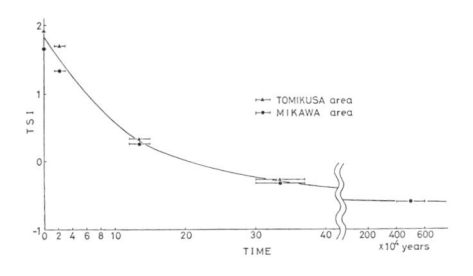

図1 花崗岩の風化速度曲線(木宮、1975)(TSIは引張強度の指標)

また、図2の安山岩の風化殻(風化皮膜)の発達事例をみると、間隙率 n によるが、20万年間の風化の進行はせいぜい10mmである(Oguchi、2004)。

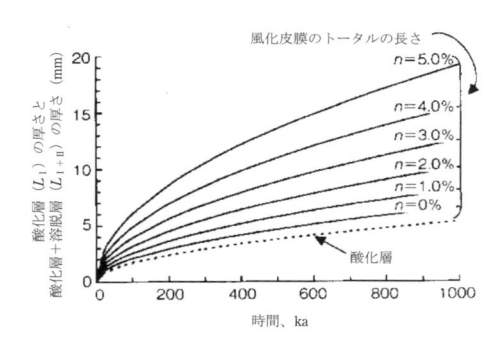

図2 風化皮膜の発達速度(Oguchi、2004)

これらの事例から、新鮮な岩石の風化速度は極めて遅いことが分かる。一方、基盤岩の土層化は風化作用の一種であるが、わが国では地表近くの基盤岩は、激しい地殻変動や気象条件により何らかの風化作用を受けているのが普通である。そのため、ある程度風化が進行した基盤岩の土層化は、新鮮な岩石の風化と分けて考える必要がある。そして、土層化の速度は新鮮な岩石の風化速度よりも一般にかなり速い。風化作用は一般に、化学的風化・物理的風化・生物的風化の3つに分けられるが、特に土層化を急速に促進するのは、地表近くの乾湿繰り返しや凍結融解による物理的風化と植生の根の作用による生物的風化である。

参考・引用文献

1) 羽田野誠一(1976)：豪雨に起因する表層崩壊危険度調査の一手法、第13回自然災害シンポジウム論文集、pp.3〜4
2) 羽田野誠一(1979)：後氷期開析地形分類の作成と地くずれ発生箇所の予察法、砂防学会発表概要集、pp.16〜17
3) 飯田智之・奥西一夫(1979)：風化表層土の崩壊による斜面の発達について、地理評、52、pp.426〜438
4) 飯田智之・吉岡龍馬・松倉公憲・八田珠郎(1986)：溶出による花崗岩風化帯の発達、地形、7、pp.79〜89
5) 飯田智之・田中耕平(1996)：簡易貫入試験からみた土層深と地形の関係、地形、17、pp.61〜78
6) 飯田智之(1996)：土層深頻度分布からみた崩壊確率、地形、17、pp.69〜88
7) 石丸 聡・田近 淳・大津 直・高見雅三(2003)：2003年代風10号豪雨による北海道日高地方の斜面災害、日本地すべり学会誌、40、pp.81〜82
8) 地盤工学会(2004):「地盤調査の方法と解説」3章 簡易動的コーン貫入試験、pp.274〜279
9) 木宮一邦(1975)：三河・富草地域の花こう岩礫の風化速度-花こう岩の風化・第2報-、地質学雑誌、81、pp.683〜696
10) 北野 康・加藤喜久雄・金森 悟・金森暢子・吉岡龍馬(1967)：水質調査による岩石崩壊の予知の可能性、京大防災研究所年報、10-A、pp.557〜587
11) 松井 健、加藤芳郎(1962)：日本の赤色土壌の生成時期・生成環境に関する二三の考察、第四紀研究、2、pp.161〜179
12) Matsukura, Y. and Tanaka, Y. (1983)：Stability analysis for soil slips of two gruss-slopes in southern Abukuma Mauntains, Transactions of the Japanese Geomorphological Union, 4, pp.229〜239
13) 松倉公憲(1994)：地形材料学からみた斜面地形研究における二、三の課題、筑波大学水理実験センター報告、19、pp.1〜9
14) Oguchi, C. T. (2004)：Porosity-related diffusion model of weathering-rind development, Catena,58, pp.65〜75
15) 沖村 孝・田中 茂(1980)：一試験地における風化花こう岩斜面の土層構造と崩壊発生深さに関する研究、新砂防、116、pp.7〜16
16) 沖村 孝(1989)：表層崩壊予知モデルに用いる表土厚推定法、新砂防、42-1、pp.14〜21
17) 奥田節夫・中西 哲・田中真吾・奥西一夫・中川 鮮・羽田野誠一・大八木規夫・横山康二(1977)：愛知県小原村付近における山くずれの調査研究、

「山くずれと地質・地形構造の関連性に関する研究」(科研費報告書)、pp.102〜126 (4.5節)
18) 奥西一夫・飯田智之(1978)：愛知県小原村周辺の山崩れについて(I)－斜面形、土層構造と山崩れについて－、京大防災研年報、21、pp.297〜311
19) 逢坂興宏・田村 毅・窪田順平・塚本良則(1992)：花崗岩斜面における土層構造の発達過程に関する研究、新砂防、45-3、pp.3〜12
20) 恩田裕一(1989)：土層の水貯留機能の水文特性および崩壊発生に及ぼす影響、地形、10、pp.13〜26
21) Onda, Y.(1994)：Seepage erosion and its implication to the formation of amphitheater valley heads: a case study at Obara, Japan, Earth Surface Processes and Landforms, 19, pp.627〜640
22) 清水 収・長山孝彦・斉藤政美(1995)：北海道山地小流域における過去8000年間の崩壊発生域と崩壊発生頻度、地形、16、pp.115〜136
23) 下川悦郎(1983)：崩壊地の植生回復過程、林業技術、496、pp.23〜26
24) 下川悦郎・地頭園 隆・堀与志郎(1984)：花崗岩帯における山くずれの履歴、日林九支研論集、No.37、pp.299〜300
25) Shimokawa, E.(1984)：A natural recovery process of vegetation on landslide scars snd landslide pertodicity in forested drainage basins, Proc. Symp. Effects of Forest Land Use on Erosion and Slope Stability, Hawaii, pp.99〜107
26) 下川悦郎・地頭薗 隆(1984)：屋久島原生自然環境保全地域における土壌の居留時間と屋久スギ、屋久島原生自然環境保全地域調査報告書、pp.83〜100
27) 下川悦郎・地頭園 隆・高野 茂(1989)：しらす台地周辺斜面における崩壊の周期性と発生場所の予測、地形、10、pp.267〜284
28) 園田美恵子(1996)：クリープ性土砂移動の把握方法、「水文地形学」、(恩田裕一ほか編)、古今書院、pp.112〜118
29) 鈴木雅一・福島義宏(1989)：風化花崗岩山地における裸地と森林地の土砂生産量 －滋賀県田上山の調査資料から－、水利科学、190、pp.89〜100
30) 竹下敬司(1985)：森林山地での土層の生成を考慮した急斜面の生成過程に関する考察、地形、6、pp.317〜332
31) 田村俊和(1974)：谷頭部の微地形構成、東北地理、26、pp.189〜199
32) 田村俊和(1987)：湿潤温帯丘陵地の地形と土壌、ペドロジスト、31、pp.135〜146
33) 田中芳則(1982)：斜面表層の厚さと分布形態について、応用地質、23-1、pp.7〜17
34) 田中芳則・風巻 周(2005)：花崗岩類分布域における古来のたたら製鉄と

斜面崩壊、応用地質、第 46 巻、第 2 号、pp.89〜98
35) Trustrum,N.A. and Derose, R.C.(1988): Soil depth-age relationship of landslides on deforested hillslopes, Taranaki, Newzealand, Geomorphology, 1, pp.143〜168
36) 塚本良則(1998):「森林・水・土の保全 －湿潤変動帯の水文地形学－」、朝倉書店、pp.15〜18
37) 塚本良則(1999):集中豪雨型表層崩壊・ハゲ山・治山砂防工事、砂防学会誌、Vol.52、No.1、pp.28〜34
38) 塚本良則(2002):ハゲ山モデル －小起伏山地における森林と表土の荒廃・回復過程の分析－、砂防学会誌、Vol.54、No.5、pp.66〜77
39) 植下 協・桑山 忠(1973):47・7 豪雨による西三河地方の山地崩壊の実態調査、昭和 47 年 7 月豪雨災害の調査と防災研究、昭和 47 年度文部省科学研究費報告書、pp.104〜107
40) 若月 強・飯田智之・松倉公憲(2002):愛知県小原村、粗粒花崗岩山地における簡易貫入試験からみた表層崩壊後 28 年間の土層形成、筑波大学陸域環境センター報告、No.3、pp.35〜47
41) Wakatsuki, T. and Matsukura, Y. (2008): Lithological effects in soil formation and soil slips on weathering-limited slopes underlain by granitic bedrocks in Japan, Catena, 72, pp.153〜168
42) 若月 強・飯田智之・松四雄騎・小暮哲也・佐々木良宜・松倉公憲(2009):泥質岩の風化特性が土層形成・斜面崩壊・斜面形状に与える影響、2003 年台風 10 号により北海道日高地方で発生した斜面崩壊の事例、地形、30-4、pp.267〜288
43) 山内靖喜・三梨 昂・安藤進一(1986):昭和 58 年(1983 年)7 月山陰豪雨による斜面崩壊の地質学的問題、地質学論集、28、pp.211〜220
44) 矢入憲二・諏訪兼位・増岡泰男(1973):47.7 豪雨に伴う山崩れ －愛知県西加茂郡小原村・藤岡村の災害－、昭和 47 年 7 月豪雨災害の調査と防災研究、昭和 47 年度文部省科学研究費報告書、pp.92〜101
45) Yatsu, E.(1966):「Rock control in geomorphology」, Sozosha
46) 吉木岳哉(1993):北上山地北縁の丘陵地における斜面の形態と発達過程、季刊地理学、VOL.45、pp.238〜253
47) 吉木岳哉 (1997):斜面の地形分類と編年に基づく湿潤温帯山地・丘陵地の気候地形発達史、東北大学理学研究科学位論文
48) 吉永秀一郎・西城 潔・小岩直人(1989):崖錐の成長からみた完新世における山地斜面の削剥特性、地形、10、pp.179〜193

3. 長期的にみた降雨の発生確率

　斜面崩壊の長期的な予測を検討する際、免疫性に関する素因の変化速度と並んで、誘因となる豪雨の発生頻度が重要な課題である。ここでは、確率雨量の考え方や分析手法を説明し、さらに全国の確率雨量の実態や過去の斜面災害を引き起こした豪雨の発生確率について述べる。

3.1 確率雨量の基礎

　稀にみる大雨が発生した場合に、「100年に1回の豪雨」だったと言われることがある。このような降雨の発生頻度を検討する際、一般には確率雨量が用いられる。確率雨量は水路や堤防など構造物の設計に幅広く利用されているが、崩壊との関係では警報や道路の通行規制の基準雨量を設定する際などに考慮される。崩壊の直接要因は地下水位や含水量であるが、それらは斜面ごとに大きく異なり、しかも長期間のデータがほとんどないので、間接要因として雨量(降雨量)の発生確率で代用されているのが実態である。水文現象の基礎となる雨量の発生確率については、水工学や水文学の分野で早くから研究が進められており教科書も多い。ここでは、岩井・石黒(1970)や高瀬(1978)を参考にして基本的な考え方と計算方法について述べる。

◇確率密度関数、超過確率と再現期間—連続現象の確率の考え方—

　一般的な確率としては、各面の出る確率がすべて1/6となるサイコロのような不連続な現象(6通り)の発生確率が頭に浮かぶ。しかし、降雨のようにその値が連続的に変化する現象(無限通り)に対しては、特定の現象(値)の確率ではなく、雨量ごとにその値を超過する確率が用いられる。雨量が特定の値をとる確率は極めて小さく、実際上は、その値を超える確率が問題となるからである。それを表現するために、図3.1に示すような確率密度関数が用いられる。これは一種の頻度分布曲線で、雨量の棒グラフのランク幅を無限に小さくして、規格化し

た(全体の面積、すなわち全体の発生確率を1とした)ものである。年最大日雨量などの降雨指標 x の確率密度関数を $p(x)$ とすると、超過確率 $W(x)$ と非超過確率(確率分布関数) $S(x)$ は、それぞれ x 軸と $p(x)$ に挟まれた面積として、以下のように表される。

$$W(x) = \int_x^\infty p(x)dx \tag{3-1}$$

$$S(x) = \int_0^x p(x)dx = 1 - W(x) \tag{3-2}$$

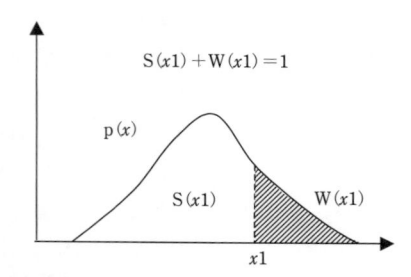

図 3.1 確率密度関数と超過確率および非超過確率の概念図

図 3.2 はそれぞれの関係を示したものであるが、これに対して理論的な関数が多数提案されている。

年最大値など1年に1つのデータの場合、超過確率 $W(x)$ の逆数は再現期間と呼ばれる。例えば、ある雨量の超過確率が 0.01 の場合、その再現期間は 100 年(= 1/0.01)となる。これは、そのような降雨が、規則的に 100 年に1回ずつ発生するという意味ではなく、平均的にみた場合に、100 年に1回発生するという意味である。「100 年に1回の大雨」とは、このような意味である。直感的に分かりやすいため、雨量の発生確率は再現期間で議論されることが多い。

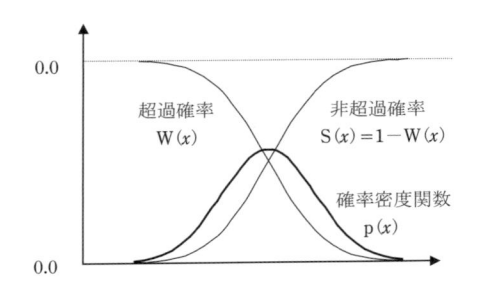

3. 長期的にみた降雨の発生確率　113

図 3.2　確率密度・超過確率・非超過確率の説明図
横軸は降雨指標、縦軸は確率密度(p)または確率(W, S)

◇順位による超過確率の求め方

実際の観測データから、確率雨量を推定する一般的な方法として、年最大値の順位による推定方法を以下に示す。

ある統計(観測)期間 N 年の各年最大値を、値の大きな順に $x1$、$x2$・・xN とすると、i 番目の値 xi の超過確率 Wi は以下の式となる。

$$Wi = (2i-1)/2N \quad \text{(Hazen plot)} \tag{3-3}$$

$N=5$ の場合を例として、この式の考え方を説明する(図 3.3 参照)。まず、各年最大値は互いに同じ確率で得られたものと仮定する。ただし、特定の値をとる確率はほとんど 0 なので、それぞれの値を含むある範囲の確率とする。そこで、各サンプルの両隣の中点を大きい順に C1、C2、・、C4 とし、また想定される上限値を C0、下限値を C5 として、C0〜C1、C1〜C2、・・・、C4〜C5 の各範囲の発生確率をすべて $(1/N)=1/5$ とする。さらに、各サンプルを中心とした左右の発生確率として、その半分ずつの値を振り分けることにすれば、図のように、W1=1/10、W2=3/10・・となり、式(3-3)が成り立つ。

なお、式(3-3)と同様の、順位による超過確率式として以下の(3-4)式もあるが、N が大きくなると両者はほぼ一致する。

$$W_i = i/(N+1) \quad \text{(Thomas plot)} \tag{3-4}$$

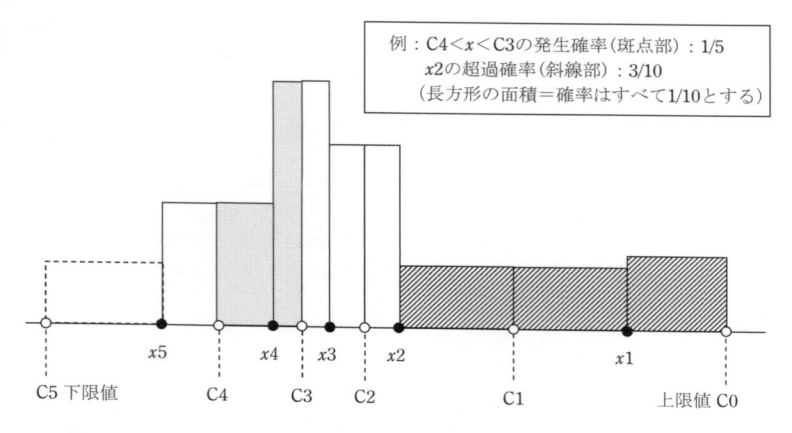

例：$C_4 < x < C_3$ の発生確率（斑点部）：1/5
　　x_2 の超過確率（斜線部）：3/10
　　（長方形の面積＝確率はすべて1/10とする）

図 3.3　Hazen plot の説明図（x_i：サンプル、C_i：中点または上下限値）

◇わが国の降雨観測の概要

確率雨量を求めるためには、長期間の降雨データが必要である。わが国では明治以降、全国各地の気象台や測候所で降雨観測がなされており、確率雨量の代表的指標として、年最大1時間雨量や年最大日雨量などのデータが整理されている。また、観測期間は短いものの、1976年以降は全国のアメダス観測地点で時間雨量データが整理され、任意の継続時間ごとの雨量も利用できる。さらに、国土交通省のダム管理事務所や地方自治体などの公的機関でも雨量の長期観測がなされている。なお、最近、気象庁により、アメダスとレーダーを組み合わせたレーダーアメダス解析雨量データが提供されるようになったが、観測期間が短いので、確率雨量を求めるデータとしては適していない。

いずれにしても、確率雨量を求めるためには長期間のデータが必要となるため、公的機関のデータを使わざるを得ないのが実情であるが、アメダス観測地点の過去のデータがインターネットで公開されており、

便利である(気象庁 HP/気象統計情報)。

3.2 確率雨量の事例―島根県浜田測候所―

確率雨量の指標としては、一般に年最大1時間雨量や年最大日雨量といった年最大雨量が用いられる。例として、気象庁浜田測候所の降雨データをもとに推定した、確率雨量を以下に示す。

◇年最大1時間雨量と年最大日雨量の確率雨量

各統計期間の年最大日雨量と年最大時間雨量の順位表の一部を**表 3.1**と**表 3.2**にそれぞれ示す。非超過確率と再現期間は Hazen plot 式から求めた値である。

確率分布関数(非超過確率)として、わが国では、雨量指標の下限値(次式の b)をもつ、以下の対数正規分布(岩井式)が用いられる場合が多い。

$$F(\xi) = \frac{1}{\sqrt{\pi}} \int_{-\infty}^{\xi} \exp(-\xi_2) d\xi = \frac{1}{\sqrt{2\pi}} \int_{-\infty}^{t} \exp(-\frac{t^2}{2}) dt \quad (t = \sqrt{2}\ \xi) \quad (3\text{-}5)$$

$$\xi = \alpha \log\left(\frac{x - b}{x_0 - b}\right) \quad (\log : 常用対数) \quad (3\text{-}5)'$$

ここで、F:確率分布関数(非超過確率)、x:年最大雨量、α、b、x_0:定数である。**表 3.1**と**表 3.2**にこの式をあてはめて、積率法(石原・高瀬法)(高瀬、1978、pp.115〜118 等参照)により各定数を求めた結果を以下に示す。

$$\xi = 2.06 \log\left(\frac{x - 46.1}{45.8}\right) \,(統計年:100\ 年、1893 \sim 1992) \quad (3\text{-}6)$$

$$\xi = 2.59 \log\left(\frac{x - 13.6}{17.8}\right) \,(統計年:81\ 年、1912 \sim 1992) \quad (3\text{-}7)$$

表 3.1 年最大日雨量順位表の例(島根県浜田データ(1893～1992)抜粋)

順位	生起年	年最大日雨量(mm)	非超過確率	再現期間(年)
1	1988	394.5	0.995	200.0
2	1983	331.5	0.985	66.7
3	1972	302.5	0.975	40.0
4	1954	246.7	0.965	28.6
5	1943	228.5	0.955	22.2
6	1920	226.7	0.945	18.2
7	1958	226.1	0.935	15.4
8	1959	202.7	0.925	13.3
9	1919	202.6	0.915	11.8
10	1979	174	0.905	10.5
～				
98	1931	54.8	0.025	1.0
99	1949	51.3	0.015	1.0
100	1968	45.5	0.015	1.0

表 3.2 年最大時間雨量順位表の例(島根県浜田データ(1912～1992)抜粋)

順位	生起年	年最大時間雨量(mm)	非超過確率	再現期間(年)
1	1983	91	0.994	162.0
2	1988	90	0.981	54.0
3	1959	85.2	0.969	32.4
4	1977	72	0.957	23.1
5	1957	59.9	0.944	18.0
6	1979	59.5	0.932	14.7
7	1964	56.1	0.920	12.5
8	1920	53	0.907	10.8
9	1954	53	0.895	9.5
10	1963	51.8	0.883	8.5
～				
79	1942	17.5	0.031	1.0
80	1915	17.4	0.019	1.0
81	1924	13	0.006	1.0

図 3.4と**図 3.5**は、対数正規確率紙(対数正規分布式が直線になるように、目盛を付けたグラフ)で、横軸は雨量指標の各年最大値から下限値bを差し引いた値を、また縦軸は非超過確率Fと再現期間を示したものである。それぞれの分布関数は直線で示される。黒丸は**表 3.1**と**表 3.2**の非超過確率をプロットしたものである。この図から任意の再現期間と雨量の対応がひと目で分かる。

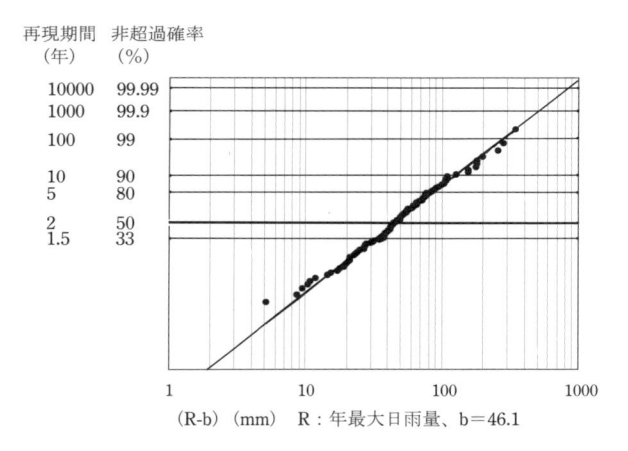

3. 長期的にみた降雨の発生確率　117

図 3.4　対数正規分布で近似される年最大日雨量分布の例（浜田測候所）

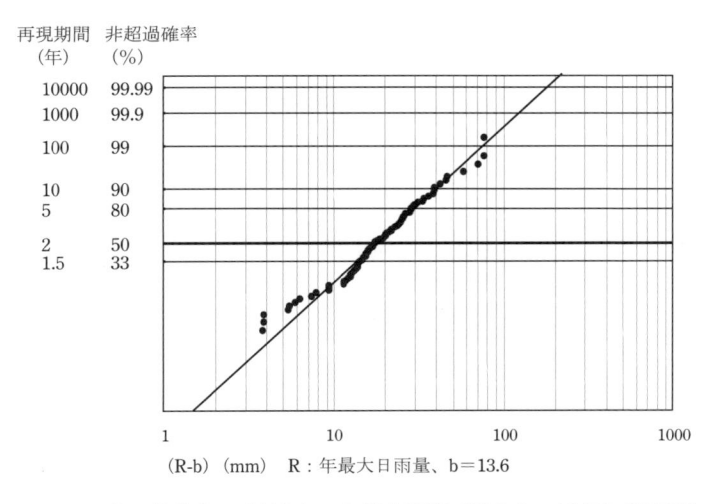

（横軸）(R-b)（mm）　R：年最大日雨量、b＝46.1

図 3.5　対数正規分布で近似される年最大時間雨量分布の例（浜田測候所）

（横軸）(R-b)（mm）　R：年最大日雨量、b＝13.6

◇継続時間ごとの確率雨量

斜面崩壊と雨量の関係を議論する場合には、1時間雨量や日雨量といった特定の時間の降雨指標だけでは不十分である。先に述べたように、1976年以降アメダス時間雨量データが全国的に整備されるようになり、1時間単位ではあるが、任意の継続時間の確率雨量を求めることができるようになった。ここでは、簡単化のために式(3-5)'の下限値 b をゼロと仮定し、以下の手順により定数を求めるものとする。

◇確率雨量の簡易計算手順

① 時間雨量データをもとに、継続時間ごとの年最大雨量を抜き出し値の大きな順に並べる。

② 年最大雨量を x、Hazen plot 式から求めた非超過確率を y として、対数正規確率紙にプロットする。

③ 最小自乗法により、直線近似式の勾配と y 切片から定数 α と $x0$ を求め、対数正規分布式を決定する(下限値 $b=0$)。

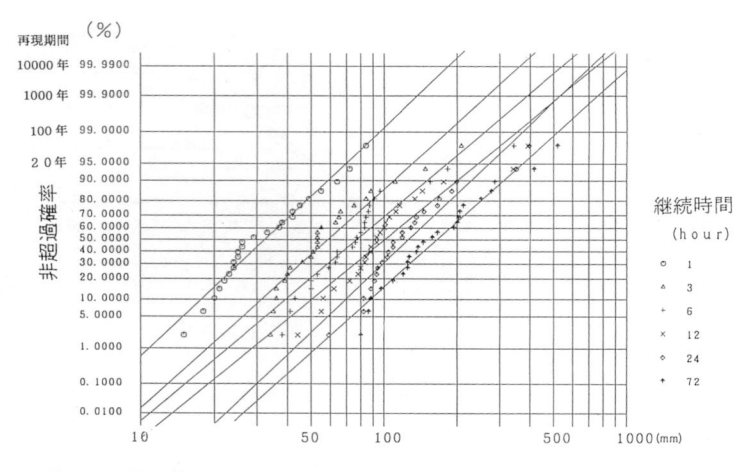

図3.6 降雨継続時間ごとの確率雨量(対数正規分布)の例(浜田測候所)

図 3.6 の直線は、浜田測候所における 1976 年～1999 年 (24 年間) の継続時間ごとの雨量の確率分布関数である。なお、任意の継続時間の確率雨量を計算する場合、一般には確率降雨強度式が用いられるが、これについては 3.4 節で説明する。

コラム　≪確率雨量を求める際の留意点≫

○測定時間のとり方

一般に、時間雨量は正時を基準としたものであり、正時をまたぐ降雨の場合には、2 つに分けられるので値が小さくなる。同様に、日雨量は日界(午前 0 時)を基準とした 24 時間雨量であり、日界をまたぐ降雨の場合には、値が小さくなる。したがって、この方法による年最大時間雨量や年最大日雨量は、真の値より小さめとなる。

○観測期間の長さ

観測期間が短くても、分布関数のパラメータを確定することで、観測期間よりもはるかに長い再現期間の確率雨量を、外挿により計算することができる。しかし、このような確率雨量の信頼性は低い。降雨の観測データは毎年増加するので、適当な時点で見直す必要がある。

○毎年最大値と非毎年最大値

確率雨量のデータのとり方として、統計期間の年最大値を 1 つずつとる場合(毎年最大値)と、統計期間内の大きい順に統計年の数だけとる場合(非毎年最大値。複数のデータが含まれる年やデータが含まれない年がある)の 2 通りある。統計期間が長くなれば、再現期間はほとんど等しくなる(岩井・石黒、1970)。

○分布関数の種類

本書では、確率分布関数として対数正規分布式を用いているが、他にも極値分布(二重指数関数またはグンベル分布)やガンマ分布などの関数がある。分布関数のとり方で、特に長い再現期間の値が大きく変わることがあるが、どの関数が最適かについて定説はないようである。

○母集団(気候)の変化

観測データから確率雨量を推定する際には、言うまでもなく、元になる母集団が同じであることが前提となる。すなわち気候、特に雨の降り方が同じという前提である。以前は稀にしか発生しなかった 100mm を超える 1 時間雨量が、最近、各地で頻繁に発生するようになった。豪雨の規模と頻度が増大する傾向は全国各地で報告されており、地球温暖化の影響によって気候そのもの(降

雨の母集団)が変化してきた可能性も指摘されている。過去の観測データから得られた確率雨量を使う際には、そのことに留意する必要がある。

3.3 全国の確率雨量

全国の確率雨量を比較するためには、同じ基準で整理された降雨の統計データが望ましい。ここでは、観測期間は比較的長いものの観測地点数が少ない(A)気象台や測候所と、観測地点数は多いものの観測期間が短い(B)アメダスの2種類の雨量データを用いた結果を示す。統計データとしてどちらも一長一短があり、また観測期間よりもはるかに長い再現期間については信頼性に問題があるが、ここでは相対的な値の違いに着目して、確率雨量の地域性を比較検討する。なお、確率雨量の計算方法は、前節の確率雨量の簡易計算法と同じである。

(A) 気象台や測候所のデータによる確率雨量分布

これは全国の気象台や測候所の30地点で、それぞれの統計開始年(1870〜1970年台)から1996年までの年最大日雨量と年最大1時間雨量について、1位から10位までのデータを用いて求めたものである(気象庁統計データ)。斜面崩壊は一般に上位の豪雨のときに発生するため、より実態に合っているとも言える。

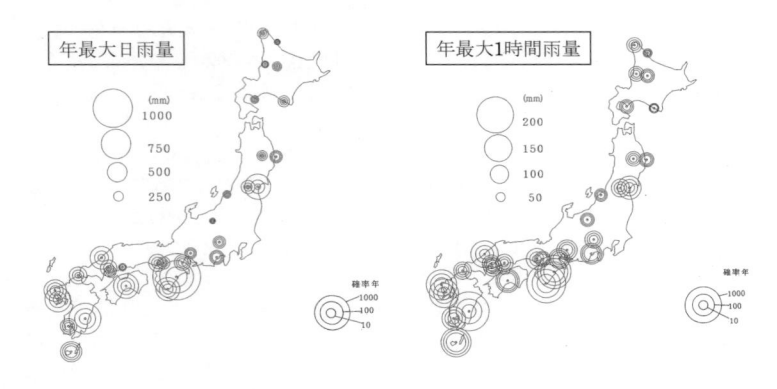

図 3.7 再現期間ごとの日雨量と1時間雨量の全国分布図
(気象台や測候所のデータによる)

再現期間(確率年)10年、100年、1000年の年最大日雨量と年最大1時間雨量の分布図を**図3.7**に示す。どの降雨指標、どの再現期間で比較しても、多雨地域の九州・四国・南紀の方が、非多雨地域の東北・北海道よりも確率雨量が多いのは明らかである。

（B）　アメダスデータによる確率雨量分布

これは、900カ所以上のアメダス観測地点において、統計開始年(1976年以降)から1999年までの時間雨量データを用いて、1時間雨量と24時間雨量の毎年最大値から求めたものである。

再現期間100年のそれぞれの分布図を**図3.8**に示す。ただし、図中に示すように、それぞれの年最大雨量について、下限値と上限値を設定し、多雨地点(上限値以上)と非多雨地点(下限値以下)のみの分布図とした。図3.7と同様に、どの指標でみても、多雨地域(九州・四国・南紀)と非多雨地域(東北・北海道)における雨量の違いは明らかである。

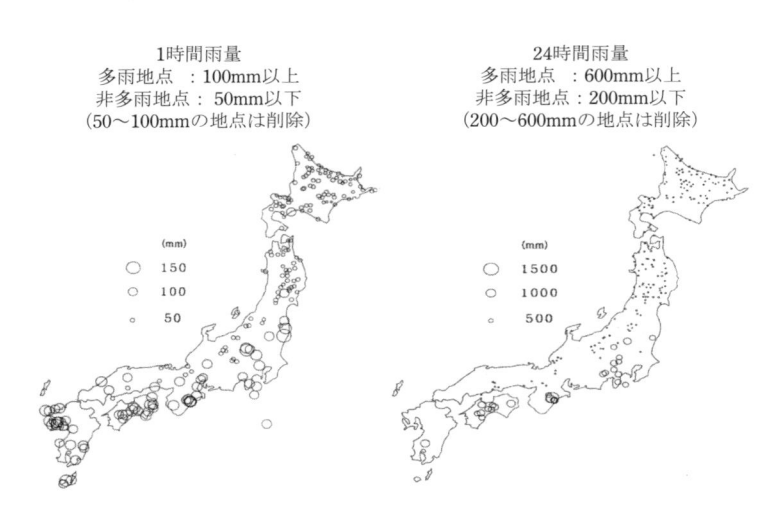

1時間雨量
多雨地点：100mm以上
非多雨地点：50mm以下
(50〜100mmの地点は削除)

24時間雨量
多雨地点：600mm以上
非多雨地点：200mm以下
(200〜600mmの地点は削除)

図3.8　再現期間100年の継続時間別雨量分布図(アメダスデータによる)
　　　　(多雨地点と非多雨地点のみの分布図としている)

3.4 斜面崩壊時の降雨の再現期間

「集中豪雨時に斜面崩壊が発生しやすい」など、斜面崩壊には総雨量だけでなく、降雨強度(集中度)が大きく影響する。降雨の集中度の指標として最大1時間雨量$R_{max}(1)$がよく用いられるが、雨量と崩壊の関係を検討するには不十分である。

崩壊には、斜面の地形・地質に応じた継続時間ごとの最大の雨量$R_{max}(n)$、または平均降雨強度$I_{max}(n)$ $(=R_{max}(n)/n)$ $(n=1, 2, 3・・)$が効果的と考えられる。例として、1988年7月に島根県浜田市で多数の斜面崩壊を発生させた降雨の経時変化図と、継続時間1、2、3、4時間のI_{max}を図3.9に示す。このときの最大の1時間雨量$R_{max}(1)$ $(=I_{max}(1))$は84mmであるが、4時間雨量も270mm(平均降雨強度 $I_{max}(4)$は67.5mm)と、比較的強い集中豪雨であった。

降雨に対する斜面崩壊の慣れの問題を考慮すると、雨量とともにその再現期間も重要である。崩壊が発生した理由として、その地域ではめったにない降雨、すなわち再現期間が長い降雨が発生したためと考

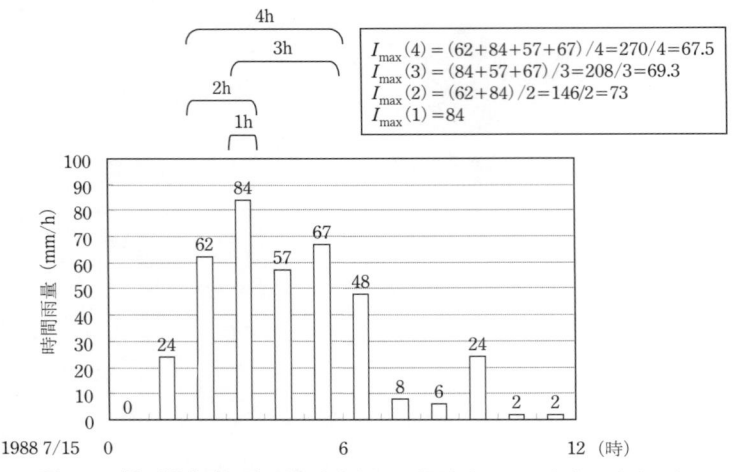

$$I_{max}(4) = (62+84+57+67)/4 = 270/4 = 67.5$$
$$I_{max}(3) = (84+57+67)/3 = 208/3 = 69.3$$
$$I_{max}(2) = (62+84)/2 = 146/2 = 73$$
$$I_{max}(1) = 84$$

図3.9 斜面災害時の降雨経時変化図と継続時間別最大降雨強度の例
(1988年7月15日島根県豪雨災害)

えられる場合が多いからである。その場合、継続時間ごとに再現期間は異なるが、再現期間が最も長い継続時間の降雨が、崩壊発生に効果的であった可能性が高い。このようなことを検討するには確率降雨強度式が便利である。

◇確率降雨強度式

任意の継続時間の雨量は平均降雨強度(＝雨量/継続時間)により特徴づけられる。そして、再現期間ごとに、継続時間と降雨強度の関係に適当な近似曲線を当てはめたものは確率降雨強度式と呼ばれる。降雨強度は一般に降雨の継続時間と共に減少するが、それを確率的に表現したものである。確率降雨強度式としては、いくつかの関数が提案されているが、ここでは簡単のために、以下のタルボット型を採用する。

$$I_N(t) = \frac{a(N)}{t + b(N)} \tag{3-8}$$

ここで、N：再現期間、I_N：継続時間 t の N 年確率雨量強度、$a(N)$、$b(N)$：N ごとの定数である。

岩井・石黒(1970)によると、$a(N)$、$b(N)$ は、N 年確率の年最大1時間雨量 I_{1N} と年最大日雨量の平均降雨強度 I_{24N} を用いて次式で近似できる。これは、任意の継続時間ごとの確率雨量が、1時間と1日(または24時間)の2つの確率雨量だけで推定できることを意味する。

$$b(N) = (24 - I_{1N}/I_{24N}) / (I_{1N}/I_{24N} - 1) \tag{3-9}$$
$$a(N) = (b(N) + 24) \cdot I_{24N} \tag{3-10}$$

図 3.6 と同様の内容であるが、**表 3.1** と**表 3.2** から求めた確率降雨強度式を**図 3.10** に示す。

確率降雨強度式は、再現期間ごとの継続時間と降雨強度の関係を示す有効な指標である。以下、表層崩壊や土石流を主体とする既往の土砂災害時の降雨について、確率降雨強度式を用いて降雨強度の再現期間を検討した例を紹介する。なお、雨量はいずれも直近のアメダスな

ど気象庁のデータを用いたが、それぞれの災害時の降雨を代表しているものと想定した。また、表層崩壊を想定して、比較的短時間に集中する降雨に着目し、確率降雨強度式の降雨継続時間を 24 時間までとした。それ以上の継続時間の先行降雨の影響は無視できるものとしている。

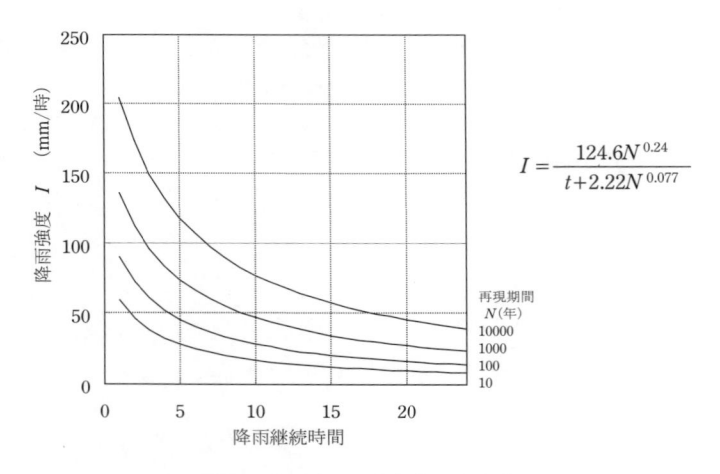

$$I = \frac{124.6 N^{0.24}}{t + 2.22 N^{0.077}}$$

図 3.10　浜田の確率降雨強度式
（適当な N に対して $a(N)$、$b(N)$ を求め、N のべき乗で近似した）

i) 浜田災害（1983 年 7 月 23 日と 1988 年 7 月 15 日）

島根県浜田市では、1983 年と 1988 年のいずれも 7 月の集中豪雨により土砂災害が発生した。災害当日を含む 3 日間の降雨強度と積算雨量の時間変化図（以下同じ）を**図 3.11** と**図 3.12** に示す。

これらの図から求めた継続時間別最大降雨強度 $I_{\max}(n)$ を確率降雨強度式の図にプロットすると**図 3.13** になる。ただし、この式は、3.3 節(1)の方法（1 位から 10 位までの年最大日雨量と年最大 1 時間雨量のデータ利用）で推定したものであり、全順位から求めた**図 3.10** とは若干異なる。

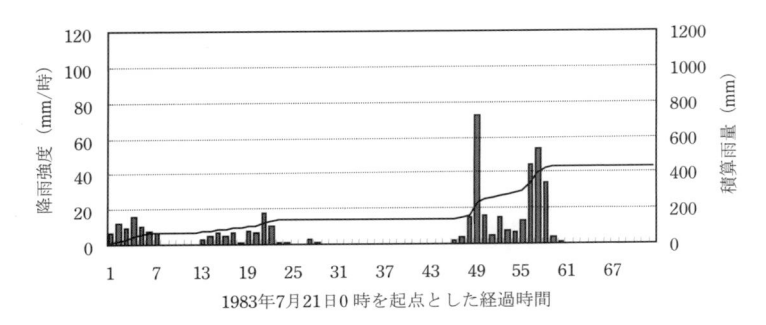

図 3.11 浜田災害時(1983 年 7 月 21〜23 日)の降雨(浜田測候所)

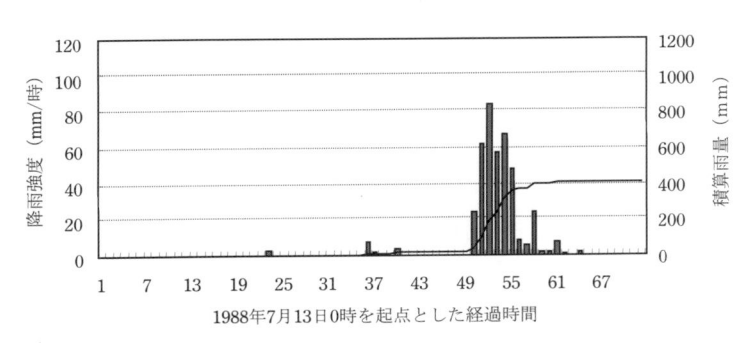

図 3.12 浜田災害時(1988 年 7 月 13〜15 日)の降雨(浜田測候所)
(**図 3.9** はこの図の降雨の集中部を抜き出したものである)

1983 年災害と 1988 年災害の降雨強度の再現期間を比較すると、すべての継続時間で 1988 年の方が 1983 年より再現期間が長い。また、1988 年の $I_{max}(n)$ に着目すると、継続時間が 1〜2 時間の降雨強度の再現期間は数十年であったのに対して、継続時間が 4〜10 時間の降雨強度の再現期間は数百年と、より稀な豪雨であった。この継続時間に集中した降雨が多数の斜面崩壊を発生させたものと推定される。一方、1983 年 7 月 23 日災害時の $I_{max}(n)$ では、継続時間が 8 時間以下の降雨強度の再現期間はせいぜい数十年程度であったのに対して、10 時間以

上の再現期間は 100 年程度であった。したがって、この場合は相対的に長時間の豪雨が効果的な斜面(例えば、斜面長が長い斜面)が崩壊したものと推定される。

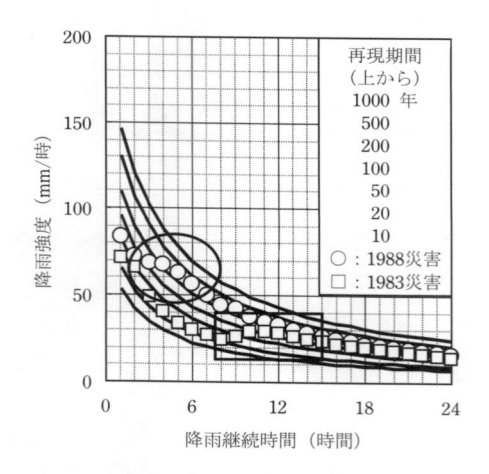

図 3.13 確率降雨強度式による評価図(浜田災害)

いうまでもなく、崩壊の直接的要因は表層の浸透流であり、これは地形や土層の水理特性に大きく影響される。どのような継続時間の降雨が崩壊に効果的となるかは、斜面の地形・地質や土層の条件によって異なるものと推定される。

ⅱ) 長崎災害(1982 年 7 月 23 日〜24 日)

長崎市では、1982 年 7 月の集中豪雨により 300 名近い犠牲者を出す大規模な土砂災害が発生した。そのときの降雨強度と積算雨量の時間変化図を**図 3.14** に示す。この時は、最大降雨強度が 100mm/時を超えただけでなく、3 時間の最大降雨強度 $I_{max}(3)$ も 100mm/時以上(3 時間で 300mm 以上)といった稀な集中豪雨であった。

この図から求めた $I_{max}(n)$ を確率降雨強度式の図にプロットすると**図 3.15** になる。

3. 長期的にみた降雨の発生確率　127

　継続時間 3～5 時間の降雨強度の再現期間は約 1000 年にも達する。また、その他の継続時間の再現期間も軒並み数百年と、歴史的にみても第 1 級の強烈な豪雨であった。ちなみに、長崎海洋気象台（アメダス）から 10km 程度離れた長与町役場で観測された 1 時間雨量 187mm は、わが国の歴代 1 位の記録であり、この図にあてはめると再現期間は数千年以上にもなる。

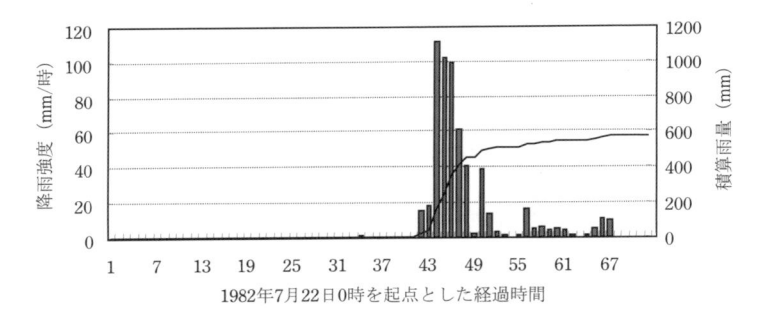

図 3.14　長崎災害時（1982 年 7 月 22～24 日）の降雨（長崎海洋気象台）

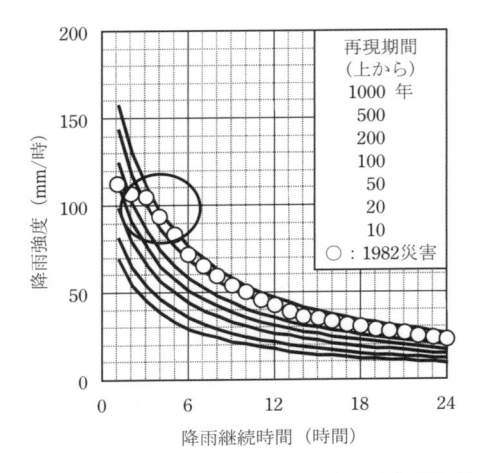

図 3.15　確率降雨強度式による評価図（長崎災害）

iii）神戸（六甲）災害（1967年7月9日）

神戸市では、1967年7月の集中豪雨により土砂災害が発生した。そのときの降雨強度と積算雨量の時間変化図を図 3.16 に示す。最大降雨強度をみると、70mm 弱と、他地域の災害時の降雨と比較して小さめである。ちなみに、神戸では1938年にも集中豪雨により大規模な土砂災害が発生しており、そのときの状況は、谷崎潤一郎の小説「細雪」に詳しく記載されているが、最大降雨強度はせいぜい50mm 弱と比較的小さかった（降雨の時間変化図略）。神戸の背後にある六甲山の地質は、元々崩壊しやすい風化花崗岩（マサ）である上に、さらに典型的な非多雨地域（瀬戸内海沿岸）に位置しているために、その程度の降雨でも甚大な土砂災害が発生したものと推定される。

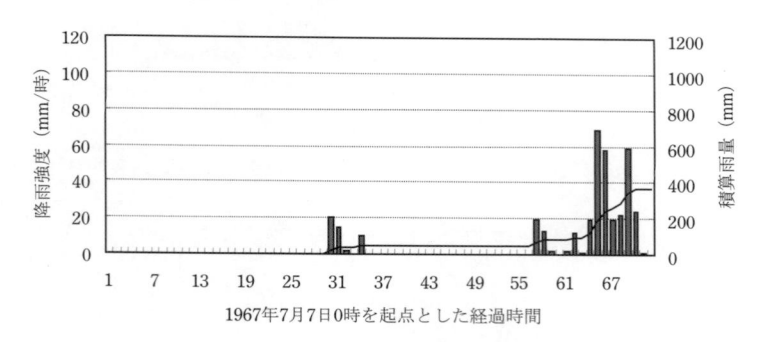

図 3.16 神戸災害時（1967年7月7～9日）の降雨（神戸海洋気象台）

この図から求めた $I_{max}(n)$ を確率降雨強度式の図にプロットすると図 3.17 になる。特に、継続時間6時間以上の $I_{max}(n)$ の再現期間が100年以上と比較的大きいのが特徴的である。

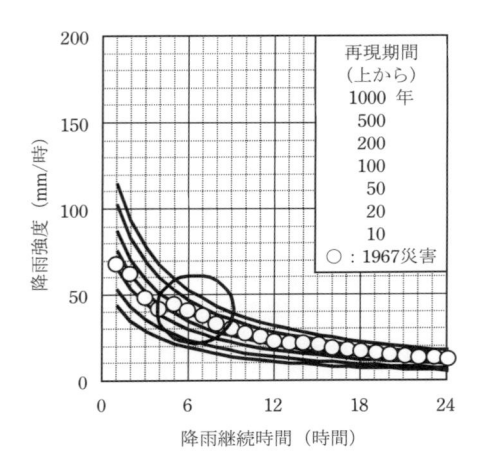

図 3.17 確率降雨強度式による評価図（神戸災害）

iv）尾鷲災害（1971年9月10日）

典型的な多雨地域の三重県尾鷲市において、1971年9月に集中豪雨による土砂災害が発生した。そのときの降雨強度と積算雨量の時間変化図を**図 3.18** に示す。2日間に3波の降雨が襲来したが、最後の降雨が24時間で700mm以上と最も多かった。

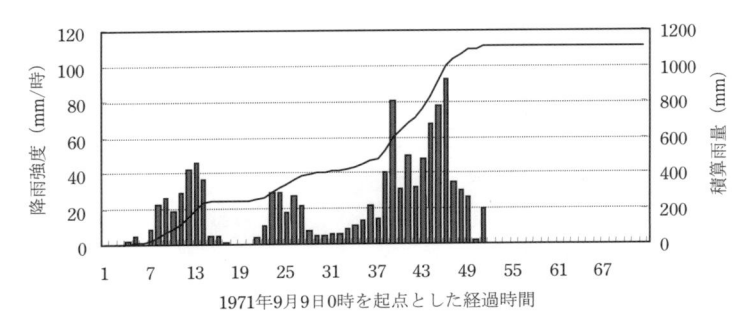

図 3.18 尾鷲災害時（1971年9月9～11日）の降雨（尾鷲測候所）

この図から求めた $I_{max}(n)$ を確率降雨強度式の図にプロットすると**図 3.19** になる。尾鷲市は、世界的に雨の多い多雨地域に属しているため、どの継続時間の確率降雨強度も非常に高い値を示している。そのため、1971 年災害時の、継続時間が 6 時間以内の降雨強度の再現期間はせいぜい 10 年程度である(仮に、非多雨地域の神戸の確率降雨強度式にあてはめると、再現期間は数百年〜1000 年程度となる)。6 時間以上の継続時間の降雨の再現期間は数十年とやや大きいので、比較的長い継続時間の降雨が土砂災害に効果的だったと推定される。実際には、継続時間が 24 時間までの確率降雨強度式には反映されていない、第 1 波と第 2 波の先行降雨の影響が大きかったのは間違いなく、外挿で推定した 44 時間の最大降雨強度の再現期間は 300 年弱であった。「降雨に対する斜面崩壊の慣れ」には限度があると言わざるを得ない。

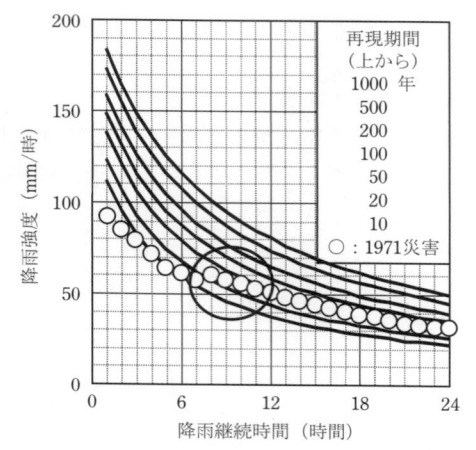

図 3.19 確率降雨強度式による評価図(尾鷲災害)

ⅴ)呉災害(1967 年 7 月 9 日)

広島県呉市では、1967 年 7 月の集中豪雨により土砂災害が発生した。そのときの降雨強度と積算雨量の時間変化図を**図 3.20** に示す。このときは、ピーク時の 1 時間雨量のみが 80mm/時弱と突出している。

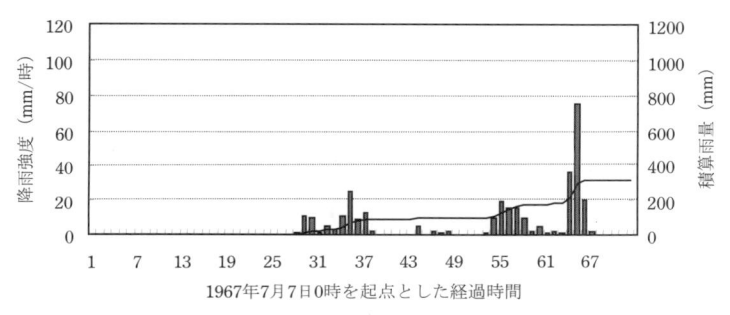

3. 長期的にみた降雨の発生確率　131

図 3.20 呉災害時(1967 年 7 月 7〜9 日)の降雨(呉測候所)

この図から求めた $I_{\max}(n)$ を確率降雨強度式の図にプロットすると図 3.21 になる。呉市は神戸市と同様に非多雨地域の瀬戸内海沿岸に位置しているために、確率雨量強度は全体的に小さい。継続時間が 12 時間以下の降雨強度でみると、1 時間雨量の再現期間が 100 年程度と最も長いので、短時間に集中した降雨が崩壊に寄与したものと推定される。また、呉市の地質は神戸市や広島市と同様に、崩壊しやすい風化花崗岩であり、当然それも影響している。

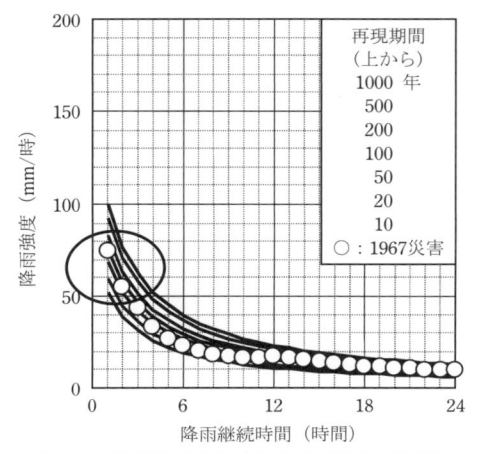

図 3.21 確率降雨強度式による評価図(呉災害)

以上、確率降雨強度式を用いて、既往の土砂災害時の継続時間別降雨強度の再現期間を検討したが、実際の災害状況との対応関係に関する検討は不十分である。これまで、降雨の再現期間と、崩壊場所の素因(地形・地質)や災害の規模との関係について詳しく検討した事例はあまりないので、今後はそのような研究の進展が望まれる。

　その際、全国各地の主なアメダス観測地点(約750カ所)における確率降雨強度式の自動計算ソフトがインターネットで公開されており便利である。ダウンロードした後、必要な情報を入力すれば、再現期間および継続時間ごとの平均降雨強度が自動的に出力される(独・土木研究所の水災害・リスクマネジメント国際センター水文チームHP)。

コラム　≪雨量と斜面崩壊の関係を検討する際の留意点≫

　降雨と斜面崩壊の関係を検討する際、以下の注意が必要である。
〇斜面崩壊発生場所と降雨観測所の場所の違い
　斜面崩壊と雨量の関係を検討する場合、近くに観測所がない場合が多い。レーダーアメダス解析雨量などの精度が向上するに伴い、実際の降雨は場所的にも時間的にも激しく変動しており、数百m離れただけでも、雨量が大きく異なる場合があることが判明してきた。これまで、雨量と斜面崩壊の関係について多数の研究がなされてきたが、再検討の余地がある。
〇斜面崩壊に有効な降雨と無効な降雨ー降雨に対する浸透流の時間遅れー
　斜面崩壊との関係を検討する際、言うまでもなく崩壊発生後の降雨は無効である。しかし、目撃情報がある場合を除き、正確な崩壊発生時刻が分からないことが普通であり、崩壊直前までの雨量の推定は一般に困難である。また、仮に正確な崩壊時刻が分かったとしても、直接の崩壊要因となる浸透流と降雨の間には時間遅れがあるために、崩壊直前までの降雨がすべて崩壊に寄与したとはいえない。地形や地盤の条件もまちまちなので、雨量データのみで崩壊の検討を行うのはおのずと限界があると言わざるを得ない。

参考・引用文献
1)　岩井重久・石黒征儀(1970):「応用水文統計学」、森北出版
2)　高瀬信忠(1978):「河川水文学」、森北出版

4. 表層崩壊のメカニズムと解析手法

　降雨による表層崩壊は、降雨の浸透と土層の不安定化(すべり・破壊)という2つのプロセスからなる。ここでは、それぞれの研究の歴史とメカニズムを概観した上で、表層崩壊に関する浸透流解析と安定解析の手法を紹介する。そして、実際の表層崩壊に当てはめて解析手法の適用性を検討する。

4.1　表層崩壊研究の概要と課題
◇斜面水文学と水文地形学

　降雨による自然斜面の崩壊予測に関して、当初は、降雨や地形・地質といった各要因と崩壊の関係(降雨→崩壊、または地形・地質→崩壊)を直接的に検討する研究が主体であった(村野、1965；内荻、1971など)。柏谷ほか(1976)は、村野、内荻らの研究を発展させ、雨量と地形(平均傾斜)を結び付けた崩壊予測式(降雨・地形→崩壊)を提案した。

　一方、水文学の当時の主要なテーマは河川の洪水予測、すなわち降雨(input)に対する河川の流量や水位(output)の予測であったが、途中の山地斜面における浸透のメカニズムは、長い間ブラックボックスの状態が続いていた。1970年代になってようやく、米国のダン(Dunne)らの研究グループやカークビー(Kirkby)など英国の地表プロセス研究グループを中心として、斜面での水文観測が盛んになり、斜面水文学(Hillslope Hydrology)が発展してきた。

　わが国でも、水文地形学的な観点から、先駆的研究が早い段階からなされていたが、組織的な研究が進んだのは、1980年代に若い研究者を中心とした水文地形学の研究グループが登場してからである(恩田ほか、1996など)。これは、必ずしも表層崩壊のメカニズムの解明を目的としたものではなかったが、同位体を用いた流出成分分離の研究成果などと合わせて、斜面における水文現象が明らかになるにつれて、必然的にそれ(降雨→浸透流→崩壊)を考慮した研究が盛んになった。

◇表層崩壊メカニズム解明の遅れ

一方、降雨による表層崩壊のメカニズムについては、現在でも十分明らかとは言い難い。これはひとえに、場所を限ると表層崩壊が稀な現象であり、しかもどの斜面で発生するのか予測できないために、事前に観測機器を設置できず、実際の崩壊の発生状況に関するデータが、ほとんど得られないからである。

崩壊発生後の調査は多数あるが、事後調査から崩壊状況を推定するのは限界がある。崩壊機構として、いくつかのメカニズムが考えられているが、崩壊後に、どのメカニズムがどのように作用したのか推定するのは容易ではない。以前には、盛土の人工斜面を用いた崩壊実験が多数行われたが、自然斜面の崩壊をどこまで再現できるのか疑問がある。次善の策として、人工降雨(散水)による自然斜面の崩壊実験があるが、実験中に多数の犠牲者が出た川崎市での事故(1971 年 11 月)以来タブー視され、さらに費用の問題もあって、これまでなされたのは八木ほか(1985)などわずかである。

◇シミュレーションによる崩壊予測

沖村(1983)や沖村・市川(1985)は、数値地図を用いた表層崩壊の予測モデルを作成し、シミュレーションによる崩壊場所の予測が可能であることを、はじめて示した。このモデルは飽和浸透流解析と無限長斜面の安定解析を組み合わせたものであるが、その後、降雨の不飽和浸透解析やサクションの低下による強度低下など、より複雑な崩壊機構を取り込んだモデルも提案されるようになった(平松ほか、1990；松尾ほか、2002 など)。さらに、数時間後の降雨予測データを用いて、崩壊の場所と時間をリアルタイムで予測し、避難警報に生かそうという研究も進められている(三隅ほか、2004 など)。

これらのモデルでは、土層深だけでなく、水理定数や強度定数といった地盤の物性値(パラメータ)の設定が重要な課題であるが、それを広域で精度良く推定する方法は確立されていないため、実用化までには至っていない。なお、表層崩壊のリアルタイム予測には、降雨の短時間予測精度の向上が不可欠であるが、これについては気象学の分野で

4. 表層崩壊のメカニズムと解析手法　135

別途研究が進められている。

◇行政による崩壊予測の実情

このような崩壊予測研究の現状にもかかわらず、梅雨や台風のシーズンになると毎年のように全国各地で斜面崩壊が発生し、被害が生じている。

　ⅰ) 崩壊時間の予測

そこで、気象庁や地方自治体など行政は、リアルタイムの降雨情報により警報・注意報を発信して実用に供している。そして、様々な降雨示標や警報・注意報の基準値に関する研究が進められている。最近ではスネークカーブ(半減期72時間の実効雨量と1時間雨量の組み合わせなど)や土壌雨量指数(流出解析のタンクモデルを用いた降雨示標のひとつ)がもっぱら使われている。

　ⅱ) 崩壊場所の予測

2001年に施行された(通称)土砂災害防止法は、従来の工事対策(ハード)重視から避難対策(ソフト)重視へと転換した画期的な法律である。この法律により、全国で順次「土砂災害警戒区域」と「土砂災害特別警戒区域」が指定され、警戒避難体制の整備・新規の開発規制・家屋の構造規制・既存家屋の移転勧告の処置がなされている。この法律では崩壊や土石流の発生および流動・堆積の場所として、土砂災害(特別)警戒区域の指定が重要な課題である。そして、技術指針に基づいた指定がなされている。崩壊災害の場合、従来の法律による急傾斜地崩壊危険地と同様に、傾斜30度以上かつ比高5m以上という、安全側ではあるが、かなり大まかな地形条件が主要な指定条件となっている。地形・地質を取り込んだ崩壊場所の絞込みの技術が待たれる。

　ⅲ) 崩壊の場所と時間の同時予測

これまでは、崩壊の場所と時間の予測が別々に行われていたが、インターネットの画面上で両者をリンクさせて、降雨に伴う危険度の変化を色の変化によりリアルタイムで表す試みもなされている。実用的な面からも、シミュレーションによる、より詳細な崩壊の場所と時間の同時予測の技術が待たれる。

4.2 山地斜面の浸透流

(1) 降雨時の流出プロセス

　山地斜面における降雨時の流出概念図を**図 4.1**に示す。これは土層と基盤の 2 層モデル地盤を想定したものであるが、降雨は地表流または地中流、あるいは不飽和流または飽和流と、空間的にも時間的にも変化しながら最終的には河道に流出する。なお、これは降雨時の短期的な流出プロセスなので、蒸発散(地面からの蒸発と樹木の葉の気孔からの発散)は無視している。

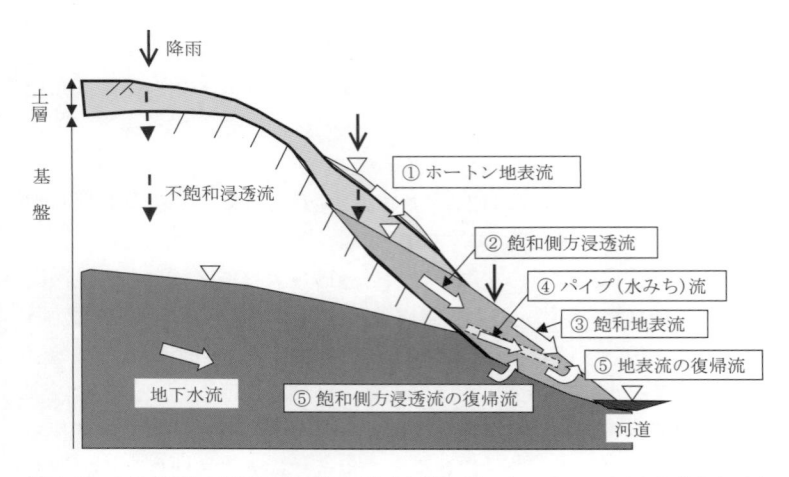

図 4.1　山地斜面における豪雨時の流出概念図(田中、1996 の図を参考とした)

　以下、代表的な流れを説明する。

　①　ホートン(Horton)地表流

　降雨時には降雨の多くが河川に流入して洪水を引き起こす。その発生メカニズムとして、以前は**図 4.2**(A)に示すような地表流が想定されていた。これは、地表面の浸透能(単位時間・単位面積の最大浸透量)以上の強度の降雨が降った場合に、地中に浸透できなかった降水が地表面を流下して洪水になるというものである。火山や乾燥地域の裸地

でよくみられる現象で、ホートン(型)地表流と呼ばれている。(ガリー)侵食を引き起こし、崩壊や土石流にいたる場合もある。しかし、観測データが増えるにつれて、植生に覆われた一般の山地斜面ではホートン地表流はほとんど発生しないことが明らかとなった。樹木や落ち葉に覆われた山地斜面の土層の浸透能が極めて高く、ほとんどの降雨が地中に浸透するためである。

② 飽和側方浸透流

石原・高棹(1962)、Hewlett and Nutter(1970)、Anderson and Burt(1977)などの研究により、基盤岩の浸透能が小さい場合は、図4.2(B)に示すように、土層内を鉛直に降下してきた浸透水が基盤との境界面で塞き止められて斜面に沿って流下することが明らかになった。これは飽和側方浸透流と呼ばれており、表層崩壊に直接関係する。実際の観測事例は本節の(2)で紹介する。

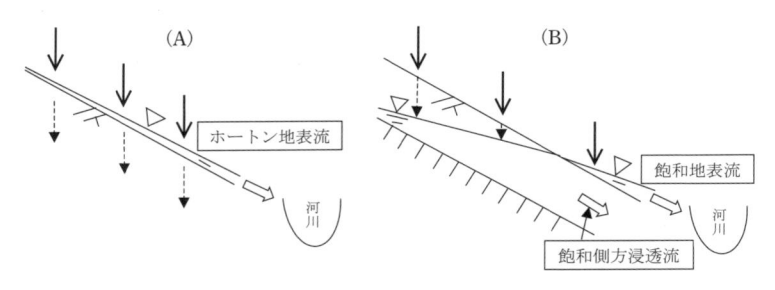

図 4.2 (A)ホートン地表流と(B)飽和地表流および飽和側方浸透流

③ 飽和地表流

図 4.2(B)の下端部に示すように、飽和側方浸透流の水位が地表面まで上昇した場合には、飽和地表流となり、そこへ直接降り注ぐ降雨とともに洪水の主成分になる。図 4.3 に示すように、この飽和地表流は、傾斜のゆるやかな凹地など局所的に発生することから、その場所は部分流出寄与域(Partial Sourse Area)と呼ばれている。

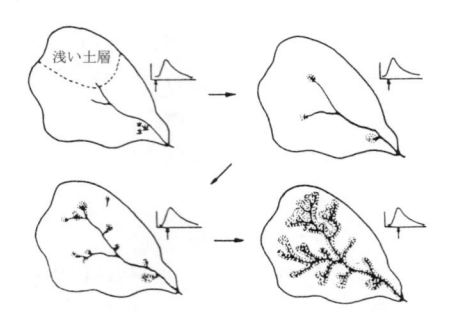

図 4.3 流出寄与域の変化と流量変化の対応模式図
(Hewlett and Nutter、1970)

④ パイプ(水みち)流

　一般の地下水は細かな土粒子の隙間を流れ、巨視的には面的に一様な流れとなる。これはマトリックス流と呼ばれ、地下水解析の基礎となるダルシーの法則(流量が動水勾配に比例)が成り立つ。しかし、観測が進むにつれて、山地斜面の土層には径が数 cm、ときには数十 cm もあるような大きな空隙(パイプまたは水みちなどと呼ばれる)が存在することが分かってきた。パイプの正体は浸透流による地下侵食の跡、木の根やミミズ・もぐら・蟹など小動物の生物痕跡など様々である。

　パイプ流は飽和側方浸透流の一種であるが、その流れの法則は表流水と同じで(流量が動水勾配の平方根に比例)、流速も表流水に匹敵する。そして、河川の流出成分の分離の際に、流出の速さからこれまで表流水と考えられていた直接流出成分にも、パイプ流がかなり含まれていることが分かってきた。また、崩壊直後の調査によって、滑落崖の大小の空洞(パイプ)から、崩壊後もしばらくの間地下水が噴出していたことが報告されるようになり、崩壊要因のひとつとみなされるようになった。

　パイプについて、当初は崩壊時の地下侵食により一時的にできたものではないかとの疑いもあったが、一般の山地斜面にも普通に存在す

ることが分かってきた。水には、高きから低きに流れて一様な水位になろうとする性質とともに、できるだけ抵抗が少なく流れやすい部分に集中しようとする性質があるためであろう。**図 4.4** はパイプの分布状況と流量の観測事例（田中ほか、1984）である。この降雨（総雨量172.5mm）の場合、総流出量の半分近い量（約 45％）がパイプからの流出であった。さらに、Tsukamoto et al.(1982) の観測事例では、流出量のほとんどがパイプ流であった（塚本、1998）。

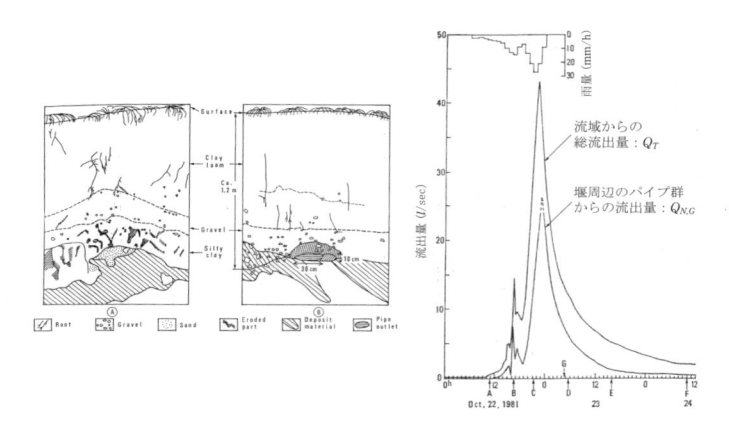

図 4.4 パイプ流の観測事例
量水堰壁面のパイプ群分布とパイプ流出成分（田中ほか、1984）
パイプ流出量$(Q_{N,G})$／総流出量(Q_T)＝45％

パイプの分布については、河川の水系と同様の樹枝状分布なども想定されるが、実際は不規則な分布のようであり、流出解析にどのようにモデル化して取り込むのか、難解な課題となっている。さらに、田中(1989)によれば、これまで内外で報告されたパイプ流の流速は0.1m/秒以上（360m/時以上）である。すなわち、パイプの流れだけを考えると、数十mの長さの一般の斜面の場合、降雨終了後、長くても数十分以内に流出が停止することになる。

ところが、実際にはパイプからの流出は降雨停止後、減衰しながらも数時間〜数日間継続することが多い。この現象は、パイプの流れだけでは説明できず、マトリックス流によるパイプへの何らかの涵養機構が考えられる。流出解析にパイプ流を取り込むためには、このようなパイプへの涵養機構のモデル化も必要である。

⑤ 復帰流(地表流の復帰流と飽和側方浸透流の復帰流)

地表流がいったん地中に浸透した後、再び地表流となる場合は、復帰流と呼ばれる。同様に、土層内に発生した飽和側方浸透流がいったん基盤内に浸透した後、再び飽和側方浸透流となる場合も復帰流と呼ぶことができよう。いずれも地表面あるいは土層と基盤の境界面に向かう動水勾配が必要なため、斜面の下方や凹部で発生する場合が多い。

斜面長が大きく、透水性のバラツキが多い実際の山地斜面では、降水は以上のような地表流、浸透流(地中流)および復帰流と次々に姿を変えながら流出しているものと推定される。

(2) 飽和側方浸透流の簡易解析法

降雨による表層崩壊の多くは飽和側方浸透流によって引き起こされる。傾斜・曲率・比集水面積といった地形要素は、この飽和側方浸透流の挙動を制御する重要な要素であり、表層崩壊に大きな影響をもっている。従来降雨による表層崩壊の多くが山ひだや0次谷と呼ばれる凹型の斜面で発生することが知られていたが、飽和側方浸透流が斜面の凹部に集中することを考えれば当然である。

浸透流の水位や流量を予測するためには、一般に煩雑な飽和・不飽和浸透流解析による数値計算に頼らざるを得ない。しかし、精度を多少犠牲にしても、簡単に予測する方法が必要な場合もある。また、浸透流に対する地形の効果を直感的に理解することも重要である。ここで紹介する手法(飯田、1984)は、そのような要求に沿う簡易解析手法のひとつであり、任意の地形パターン(斜面形状)を流出解析の単位図に対応させて降雨に対する水位や流量を予測するものである。さらに、表層崩壊に対しては、降雨パターン(雨の降り方)も大きな影響を持つ

ことが知られているが、この手法により地形パターンと同列に評価することができる。

1) 簡易解析手法の説明

まず、飽和側方浸透流の基本的な解析手法として、沖村・市川(1985)の方法を紹介する。これは図4.5に示す正方形のセルに対して、地下水の連続の式(4-1)と運動の式(4-2)を組み合わせて差分化し、適当な初期条件と境界条件のもとで解くというオーソドックスな方法である。

$$\lambda \frac{\partial h}{\partial t} + \frac{\partial q_x}{\partial x} + \frac{\partial q_y}{\partial y} = r \tag{4-1}$$

$$q_x = hk\, I_x 、 q_y = hk\, I_y \tag{4-2}$$

ここで、各パラメータの意味は下記のとおりである。

λ：有効間隙率、h：見掛けの地下水位(基盤からの水位＝水深)、r：有効降雨(地下水位上昇に寄与する降雨)強度、q_x, q_y：x, y方向の単位時間当たりの単位幅流量、I_x、I_y：x, y方向の動水勾配、k：透水係数。

計算にあたり、設定された主な仮定条件は以下のとおりである。

① 有効降雨はすべて、直ちに浸透水面(地下水面)に達し浸透水(飽和側方浸透流)となる。
② 対象とする斜面は比較的急な勾配でかつ表土層厚が小さいため、動水勾配(地下水面の勾配)は基盤岩の勾配とする。
③ 透水係数k、有効間隙率λ、有効降雨rは一様とする。

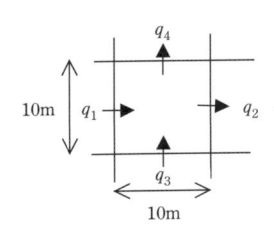

図4.5 セルにおける地下水の流れ(沖村・市川、1985)

以上が、沖村らによる数値計算手法の概要であるが、同様の仮定に基づく解析的な方法(飯田、1984)を以下に示す。まず、土層深が一定で斜面に平行な基盤上の飽和側方浸透流が、ダルシー則に従いながら落水線(最大傾斜線)に沿って斜面に平行に流れるとすると、図4.6(A)より、水平方向の真の平均流速 V_s は以下の式となる。

$$V_s = k \sin\beta \cos\beta / \gamma = k \sin(2\beta)/(2\gamma) \tag{4-3}$$

ここで k は透水係数、i は動水勾配($=\sin\beta$)、γ は有効間隙率、β は斜面傾斜である。この場合、図4.6(B)に示すような、同じ落水線(流線)上にある P 地点から Q 地点までの浸透流の到達時間 τ_{PQ} は以下の式で表せる。

$$\tau_{PQ} = \int_P^Q ds / V_s = \gamma/k \int_P^Q ds / \sin\beta \cos\beta \tag{4-4}$$

ここで積分は落水線を水平面に投影した曲線に沿って行うものとする(ds は水平方向の微小距離)。

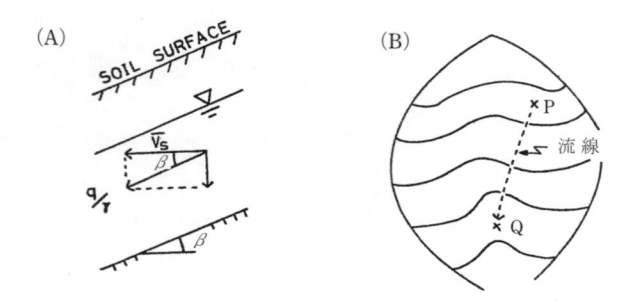

図4.6 飽和側方浸透流の説明図
(A) 断面図　q：比流束、γ：有効間隙率、β：傾斜、V_s：水平方向の平均的な真の流速
(B) 平面図　P点に降った降水は落水線(流線)に沿って、基盤に平行に Q 点まで流れる。

次に、図4.7(A)に示すように、任意の地点において単位長さ等高線の基線を考えると、基線上部の集水域の各地点は、それぞれ基線までの到達時間 τ を持つ。この τ が一定となる等値線を引けば、それより下流側にある面積 a が τ の関数として決まるので、それを到達時間－面積曲線(以下、$a(\tau)$曲線と呼ぶ)と定義する。図4.7(B)はその概念図である。最大到達時間を T とすると、$a(T)$ はその地点における比集水面積(等価斜面長とも呼ばれる)となる。基線のとり方で $a(\tau)$ の値は多少変化するが、ここでは羽田野(1976)に従って基線の長さを表層崩壊の平均的な崩壊幅の 5m とした。

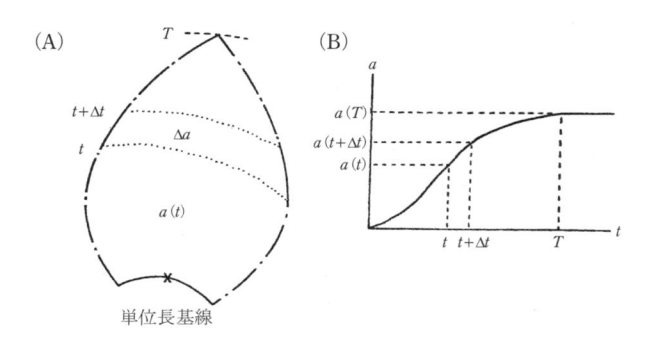

図4.7 到達時間面積曲線(集中面積図)
(A) 点線：等到達時間線、鎖線：集水域(落水線)、$a(\tau)$：基線と基線両端の落水線および基線までの到達時間 τ のそれぞれの線で囲まれた面積
(B) 到達時間－面積曲線(集中面積図)

ここで、図4.7(A)の斜面に瞬間的な雨を降らせて基線の位置での浸透流の挙動をみることにより、$a(\tau)$ 曲線の水文学的意味を検討する。なお、これまでの検討で前提としていた、沖村らと同様の仮定条件は以下のとおりである。
　① 蒸発散、および基盤内への漏水による浸透水の損失は無視できる。また、土層の不飽和帯は事前の降雨により十分湿っており、

降水は不飽和帯に貯留されず瞬時に鉛直降下する。したがって、飽和側方浸透流のかん養強度は降雨強度と等しい。

② 対象とする斜面の勾配は比較的大きいので、動水勾配は基盤の勾配と等しい。

③ 透水係数 k、有効間隙率 γ は一様とする。

この場合、$\tau=0$ に単位面積当たり、単位の量の降雨が降ったとすれば、基線までの到達時間が τ および $\tau+\Delta\tau$ となる2本の等高線に挟まれた微小面積 Δa の浸透水は、τ から $\tau+\Delta\tau$ の時間内に基線を通過するので、基線での流量 $u(\tau)$ について以下の式が成り立つ。

$$\Delta a \times 1 = u(\tau) \times \Delta\tau \quad \text{より} \quad u(\tau) = (da/d\tau) \tag{4-5}$$

$u(\tau)$ は河川の流出解析手法のひとつである単位図(ユニットハイドログラフ；一種の応答関数)に相当するので、地形単位図と呼ぶことにする。時刻 t の降雨強度を $R(t)$ とすると、単位長さ等高線(基線)当たりの流量 $Q_1(t)$ は次式となる。

$$Q_1(t) = \int_0^{T_{\max}} (da/d\tau) R(t-\tau) d\tau \tag{4-6}$$

地下水位(水深) $H(t)$ は、流量を流速で割ることにより次式で示される。

$$H(t) = \int_0^{T_{\max}} (da/d\tau) R(t-\tau) d\tau / (k \sin\beta \cos\beta) \tag{4-7}$$

以上により $a(\tau)$ 曲線、もしくは地形単位図と単位幅当たりの流量 $Q_1(t)$ や水深 $H(t)$ との関係が明らかとなった。このモデルは同じ仮定に基づく沖村らのモデルと基本的には同じであり、差分法で求めた計算結果と本手法で求めた計算結果がほぼ等しいことが確認されている(沖村・市川、1985)。

$t=0$ から一定強度の降雨 R_0 が降り続いた場合には、以下の式が成り立つ。

$$Q_1(t) = R_0 a(t) \tag{4-8}$$

$$H(t) = R_0 a(t) / (k \sin\beta \cos\beta) \tag{4-9}$$

すなわち、この場合は流量、水深ともに$a(t)$曲線に比例して増加してゆく。また、降雨がT_1で降り止んだ場合には、$T_1 < t$ ではそれぞれ次式となる。

$$Q_1(t) = R_0 \{a(t) - a(t-T_1)\} \tag{4-10}$$

$$H(t) = R_0 / (k \sin\beta \cos\beta) \{a(t) - a(t-T_1)\} \tag{4-11}$$

この場合は流量、水深ともに、$a(t)$曲線とそれをT_1だけ時間をずらせた曲線との差に比例して変化する(**図4.8**)。

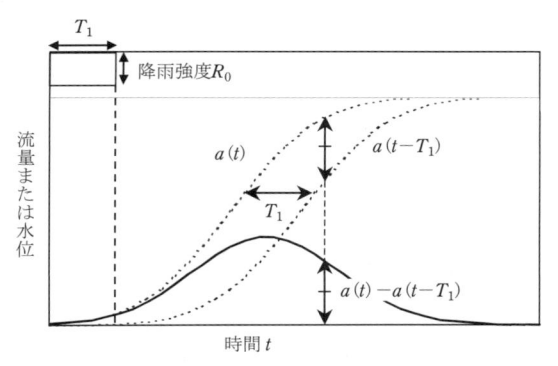

図4.8 一定強度の降雨が$t=T_1$で停止した場合の流量・水位変化模式図

◇基盤への浸透がある場合の修正地形単位図

以上の地形単位図モデルは不透水性の基盤を前提としていたが、実際には、基盤への浸透(漏水)が無視できない場合も多い。その場合は、減衰係数αを導入して以下の式に示す修正地形単位図を用いることにする。これは、基盤への浸透(漏水)速度が水深に比例するという仮定に基づくものである。

$$(da/d\tau)' = (da/d\tau) \cdot \exp(-\alpha\tau) \tag{4-12}$$

2) 飽和側方浸透流の観測と簡易解析手法の適用事例

飽和側方浸透流の観測と本解析方法の適用事例を以下に示す。

◇調査地と観測方法

観測地は 2.1(2)節で取り上げた愛知県旧小原村の 0 次谷である。平面図と地形および土層の断面図を図 4.9、図 4.10 に示す。断面図の破線と一点鎖線はそれぞれ N_{10} 値が 10 と 50 の等値線であるが、10 以下の軟弱な土層が斜面の中央部で厚くなっている。この斜面の谷筋に 4 本の観測井(No.1〜No.4)を設置して、飽和側方浸透流の水位の観測を行った。その際、元京都大学防災研究所の諏訪浩氏によって開発されたステップ式自動水位計を利用し、同時に雨量観測も行った。観測期間は 1979〜1981 年の夏から秋にかけての雨季である。

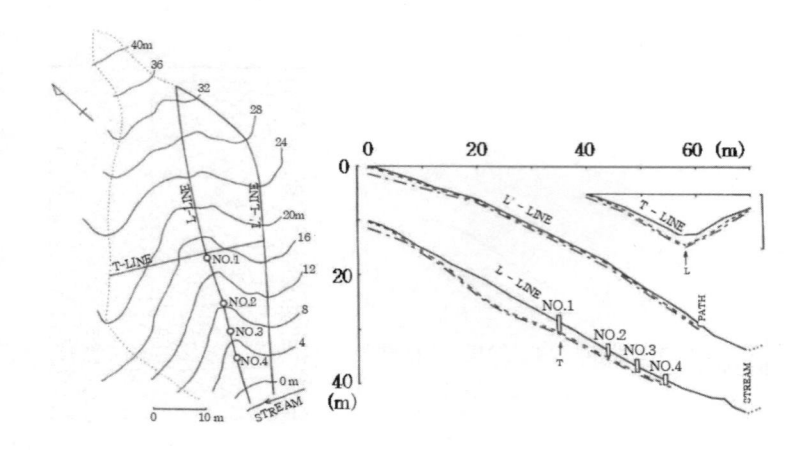

図 4.9　観測斜面の地形図と観測井位置図

図 4.10　観測斜面の地形および土層の断面図と観測井位置図（測線は図 4.9 参照）

観測井の設置状況を表 4.1 に、土層の水理特性を表 4.2 にそれぞれ示す。図 4.11 は、これらの値を用いた地形単位図である。

4. 表層崩壊のメカニズムと解析手法　*147*

表 4.1　観測井の状況

観測井	比集水面積 (m)	基盤傾斜 (度)	土層深 (cm)
No.1	177	26	193
No.2	245	26	132
No.3	271	26	82
No.4	309	26	100

表 4.2　土層の水理特性

透水係数 (cm/秒)	有効空隙率 (％)
0.015	20

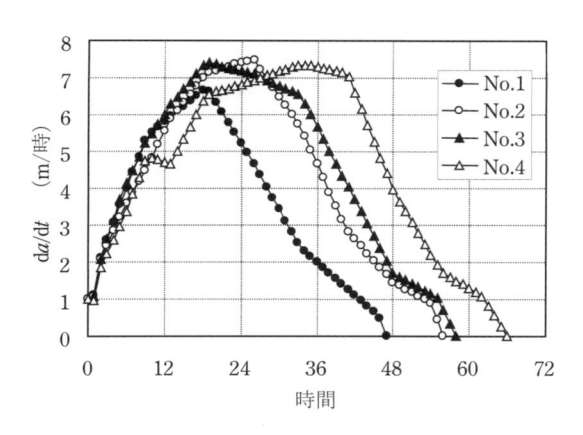

図 4.11　観測井ごとの地形単位図

◇観測結果

　図 4.12 に代表的な観測結果を示す。全体的にみた場合、降雨の継続とともに、斜面の下方から上方に向かって順に発生した水位は、30mm/時近い強雨で各観測井とも急激にかつ一斉に上昇した。そして、

降雨停止後も水位はしばらく上昇し続けてピークに達した後、徐々に低下していった。

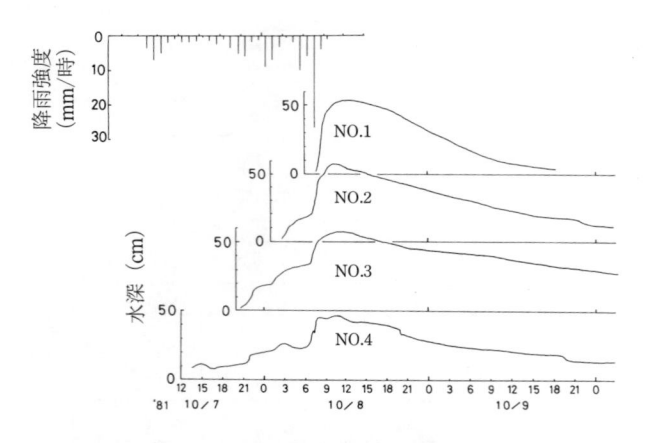

図 4.12 飽和側方浸透流の観測事例

◇観測水位の再現(同定)

水位の観測結果を簡易解析手法により再現(同定)した。その際、式(4-7)の降雨と水位を、以下のように1時間単位で離散化(デジタル化)して計算を行った。

$$H(i) = \sum_{j=1}^{j_{max}} R(i-j)(da/d\tau(j))/(k\sin\beta\cos\beta) \tag{4-13}$$

実際には初期の降雨の多くは不飽和帯に貯留されて、地下水位上昇には寄与しない。その無効な雨量は観測井の位置や土層深により異なるが、ここでは4観測井の水位の平均的な発生時間以前の雨量をすべて無効降雨とした。

図 4.11 の地形単位図をそのままあてはめて観測値と比較したところ、4地点ともに計算値の水位が観測値の水位よりもはるかに高く

なったために、修正地形単位図を用いることにした。4地点ともに同様の傾向がみられたので、No.2 地点における水位の再現例を図 4.13 に示す。$\alpha=0$ の曲線は、図 4.11 の地形単位図をそのまま利用した場合の計算結果である。特にピーク値に着目すると、$\alpha=0.1$（最適値）のときに計算水位と実測水位がおおよそ合致した。

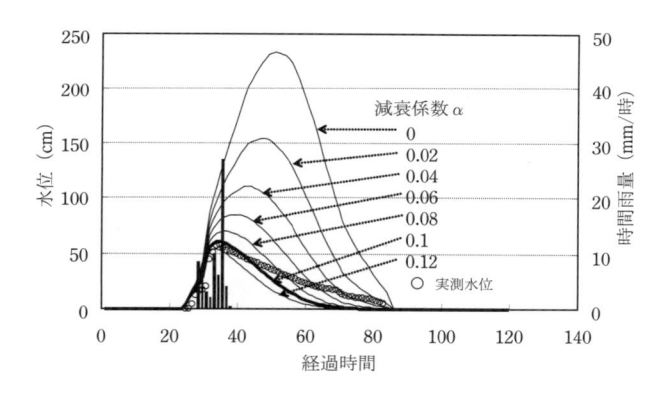

図 4.13 No.2 の実測水位と減衰係数ごとの計算水位の比較
（$\alpha=0$ が元の地形単位図）

この最適減衰係数（$\alpha=0.1$）を用いた、観測井ごとの水位の再現結果を図 4.14 に示す。

◇解釈（基盤漏水と基盤復帰流）

再現計算による最適な減衰係数がかなり大きめの値（$\alpha=0.1$、半減期約 7 時間）であることから、基盤への漏水を考慮せざるを得ない。また、最上部の No.1 以外の観測地点での実際の水位が、降雨終了後も長く維持されて尾を引くことから、斜面の上部で基盤内へと浸透した漏水が、斜面の下方では逆に基盤から土層へと上向きに流れることで（復帰流）、飽和側方浸透流を涵養したと推定した。

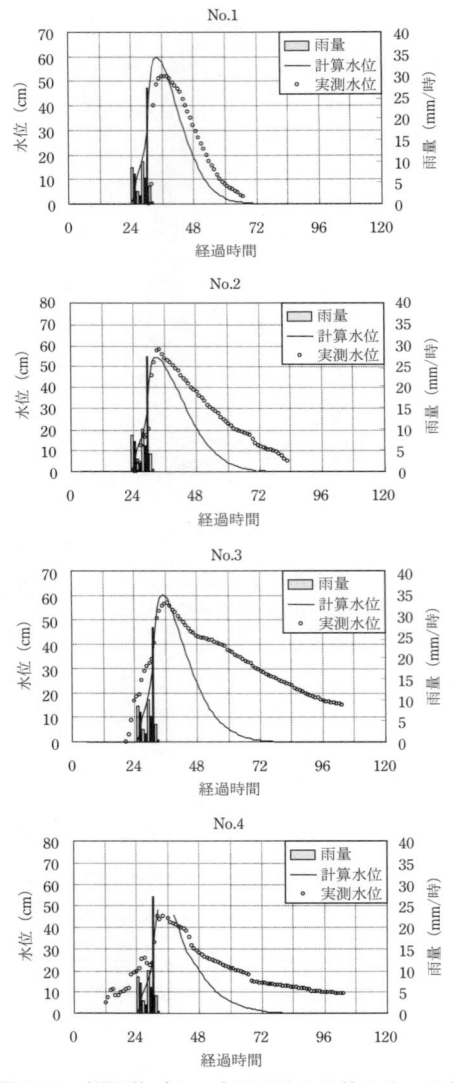

図 4.14 観測井ごとの実測水位と計算水位の比較

4. 表層崩壊のメカニズムと解析手法

(3) 飽和側方浸透流に対する地形と降雨の影響

以下、簡単化のため、計算が容易なモデル斜面を用いて、漏水がない場合(減衰係数 $\alpha=0$)の地形単位図により、飽和側方浸透流に対する地形要素(パターン)と降雨パターンの効果を検討する。

◇斜面長または比集水面積の影響

図 4.15 に示す直線型斜面の場合、$a(\tau)$ 曲線と地形単位図は以下のようになる。図 4.16 に $a(\tau)$ 曲線と地形単位図 $\mathrm{d}a/\mathrm{d}\tau$ を示す。

$$V_s \tau = k\sin(2\beta)\, \tau/(2\gamma) \tag{4-14}$$

$$\mathrm{d}a/\mathrm{d}\tau = k\sin(2\beta)/(2\gamma) \tag{4-15}$$

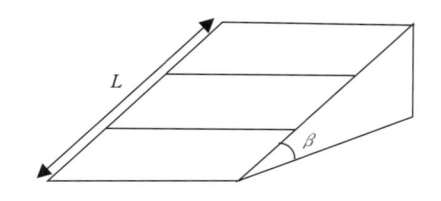

図 4.15 直線型斜面の基盤

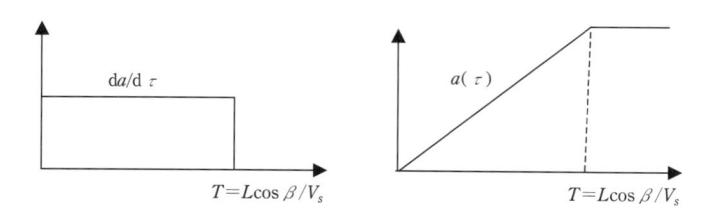

図 4.16 直線型斜面の地形単位図 $\mathrm{d}a/\mathrm{d}\tau$ と $a(\tau)$ 曲線

一定強度の降雨 R_0 が降り続いた場合には、単位長さ等高線(基線)当たりの流量 $Q_1(t)$、水深 $H(t)$ は以下のようになる。

$$Q_1(t) = R_0 k\sin(2\beta)t/(2\gamma) \tag{4-16}$$

$$H(t) = R_0 t / \gamma \tag{4-17}$$

最大水深 $H_{\max}$ は最大到達時間 $T(=L\cos\beta/V_s)$ 以降の定常的な水深であるが、以下の式に示すように、斜面長 L に比例して大きくなる。なお、直線型ではなく一般的な形状の斜面の場合には、$L\cos\beta$ は比集水面積 $a(T)$ (T は最大到達時間)で置き換えることができる。

$$H_{\max} = R_0 T / \gamma = R_0 L \cos\beta / (\gamma V_s) \tag{4-18}$$

◇傾斜の影響

同じく直線型斜面に一定強度の降雨 R_0 が降り続いた場合には、傾斜 β と水位の上昇速度 dH/dt および流量の増加速度 dQ/dt との関係は以下のようになる。

$$dH/dt = R_0 / \gamma \tag{4-19}$$

$$dQ_1/dt = R_0 k \sin(2\beta) / (2\gamma) \tag{4-20}$$

まず、水位の上昇速度は傾斜に無関係であることが分かる。一方、流量の増加速度は図 4.17 に示すように、斜面の傾斜が 45 度のときに最大となるが、これは水平方向の真の平均流速 V_s (式(4-3)参照)が、その角度で最大になるからにほかならない。

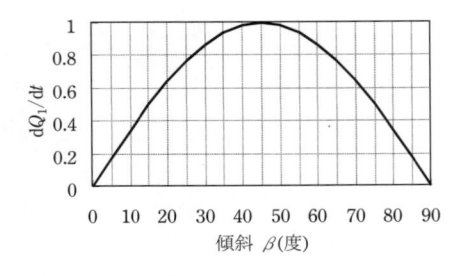

図 4.17 斜面傾斜と流量の増加速度の関係

◇横断曲率の影響

斜面の横断形状は、定性的には直線型・凹型(谷型)・凸型(尾根型)に分類されるが、定量的には等高線の曲率 ε によって表現できる。そこで、図 4.18 に示す、間隔が等しい同心円の等高線(斜面勾配一定)を想定し、対象となる地点の単位長円弧の基線の曲率を ε とする。ε は円弧の中心角(ラジアン：π ラジアン＝180 度)であるが、凹型・直線型・凸型でそれぞれ正・ゼロ・負となる。

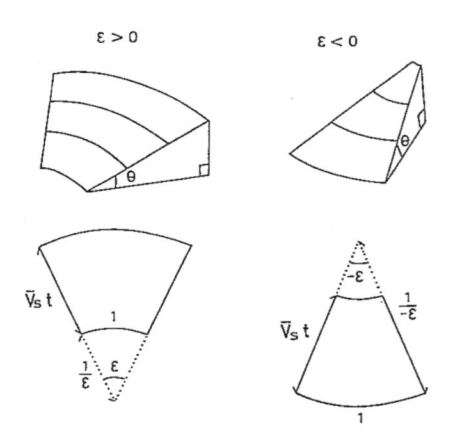

図 4.18 横断形状に関する谷形斜面と尾根型斜面の模式図(同心円等高線)

この場合、扇形の面積計算により凹型、直線型、凸型ともに以下の式となる。

$$a(t) = V_s(t + \varepsilon V_s t^2/2) \tag{4-21}$$

$$Q_1(t) = R_0 V s(t + \varepsilon V_s t^2/2) \tag{4-22}$$

$$H(t) = R_0(t + \varepsilon V_s t^2/2)/\gamma = R_0 t(1 + \varepsilon V_s t/2) \tag{4-23}$$

$$dH/dt = R_0(1 + \varepsilon V_s t)/\gamma \tag{4-24}$$

ここで、各式の右辺第一項は $\varepsilon=0$、すなわち直線型斜面のそれぞれの値に相当する。また、最大到達時間 T 以降は流量、水位ともに頭打ちとなる。例として、図 4.19 に示す基線の横断曲率ごとに、一定強度の降雨に対する水位変化の計算を行った。対象となる単位長さの基線は凹型斜面および凸型斜面の各 4 ケースと直線型斜面（$\varepsilon=0$ 度）の 9 ケースである。凸型斜面の比集水面積は扇型なので、必然的に非常に小さくなる。その他の計算条件は各ケースともに等しく、降雨強度 $R_0=20$（mm/時）、透水係数 $k=0.05$（cm/秒）$=1.8$（m/時）、斜面傾斜 $\beta=40$ 度、有効空隙率 $\gamma=20\%$ とした（$V_s=4.43$（m/時））。

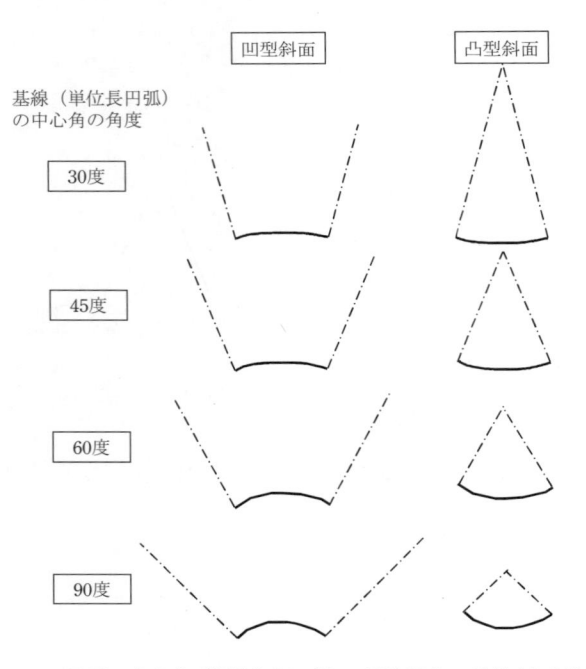

図 4.19 円弧の中心角（横断曲率）ごとの単位長さの基線（太実線）
（一点鎖線：集水域境界）

図 4.20(A)に計算結果を示す。水位が一定速度で上昇する直線型斜面($\varepsilon = 0$)と比較して、凹型斜面では時間とともに水位が加速的に増加する。ただし、実際には水位が地表面まで上昇すると飽和地表流となって流出するため、それ以上の上昇はない。一方、凸型斜面については、比集水面積が非常に小さいので、**図 4.20**(B)の拡大図に示すように、短時間ですぐに平衡水位に達してしまい、同じ強度の降雨が継続する限りそれ以上は上昇しない。

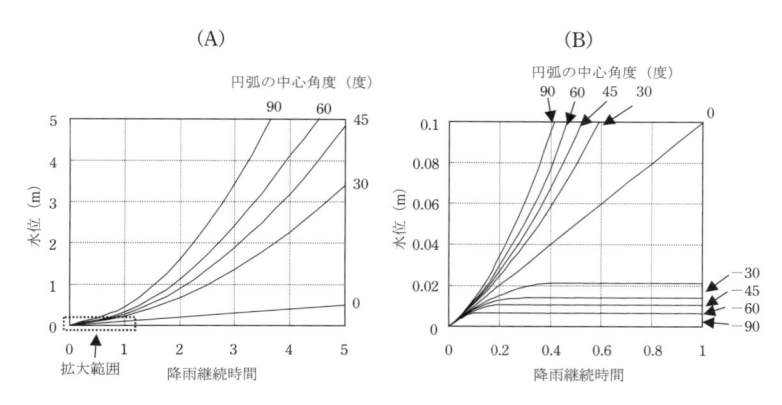

図 4.20 横断曲率ごとの水位計算例((A)では $\varepsilon < 0$ の線は描いてない)
((A)の点線で囲った部分の拡大図を(B)に示す)

◇降雨パターンの影響

式(4-5)により、飽和側方浸透流に対する地形の効果を表す項($da/d\tau$)と降雨の効果を表す項(R)を同列に扱うことができるのは明らかである。ここでは直線型の斜面を用いて、降雨パターンの影響を検討する。**図 4.21**に示すように、同じ総雨量ではあるが、一定強度型・前期ピーク型・後期ピーク型の3パターンの降雨を想定して、相対水位(最高水位に対する水位の比率)の時間的変化を比較したものが**図 4.22**である。水位上昇のパターンは、前期ピーク型では減速的、後期ピーク型では加速的となる。従来、後期ピーク型の降雨が表層崩壊を

引き起こしやすいことが経験的に知られているが、水位がある程度上昇して不安定になった状態で、さらに引金となる降雨が急激に作用することで、崩壊がより発生しやすくなるものと推定される。

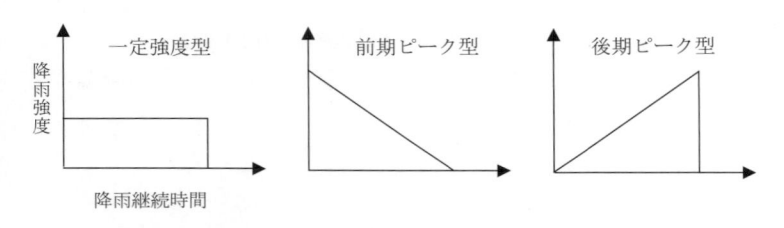

図 4.21　降雨パターン分類

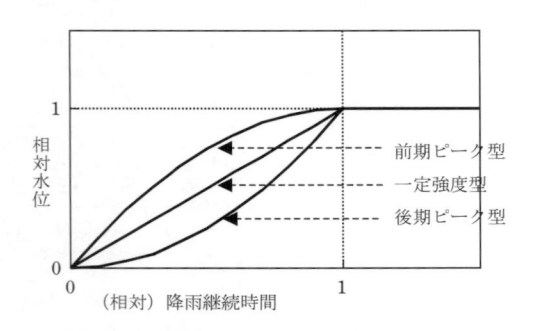

図 4.22　降雨パターンごとの水位上昇

　ここまでは地形要素(パターン)の影響と降雨パターンの影響を別々に検討したが、実際には斜面の形状ごとに水位上昇に効果的な降雨があることが予想される。そこで、地形と降雨の相乗効果について検討する。

◇斜面長と降雨継続時間の相乗効果の影響

　斜面長の効果で示したように、一定強度の降雨が継続すると直線型斜面では一定速度で上昇するが、最大到達時間以降は頭打ちとなる。これは、最大到達時間以前に降った降雨は斜面外へ流れ去ってしまう

ためである。そのため、斜面長が大きい場合（あるいは土層の透水係数が小さい場合）には、降雨強度が小さくても長時間の降雨が水位上昇に効果的である。逆に、斜面長が小さい場合（あるいは土層の透水係数が大きい場合）には、そのような降雨による水位上昇効果は小さく、短時間でも降雨強度の大きな降雨が水位上昇に効果的となる。

◇特殊な地形パターンと降雨パターンの相乗効果の影響

地形と降雨の相乗作用を分かりやすく示すために、図 4.23 に示すような地形単位図が 2 つのピーク（その間隔を Tp とする）をもつ斜面を考える。

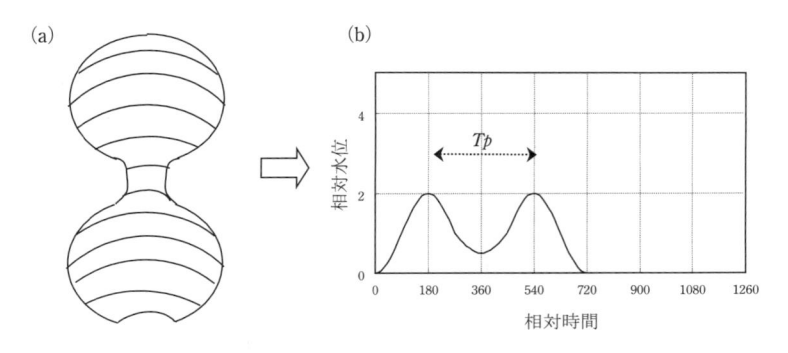

図 4.23 瓢箪型斜面(a)とその地形単位図(b)

この斜面に対して、同じ降雨強度の雨が 2 回に分けて降る場合を想定し、その時間間隔が $Tp/2$ の場合と Tp の場合の 2 ケースについて、水位の変化を比較したものが図 4.24 である。最高水位に着目すると、Tp の場合の値は 1 回目の降雨に対する水位のピークと 2 回目の降雨に対する水位のピークが重なり、$Tp/2$ の場合と比較してはるかに高くなり、その最高水位は 2 倍の降雨強度の雨が一度に降った場合と等しくなる。すなわち、地形の形状によっては、同じ総量の降雨でもその降り方（降雨パターン）により飽和側方浸透流の水位が大きく影響される場合があることに注意すべきである。

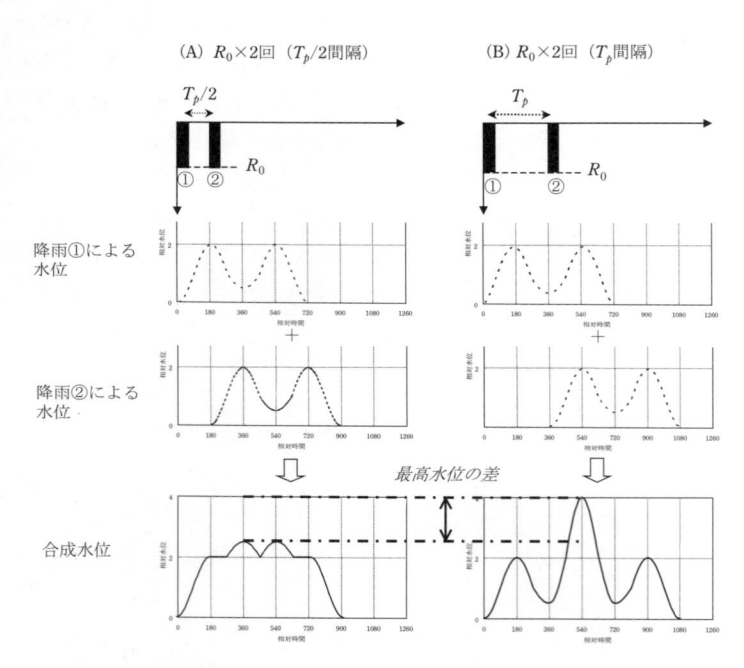

図 4.24 瓢箪型斜面における降雨パターンごとの最高水位比較
地形単位図のピーク間隔と降雨の間隔が一致すると、最高水位が高くなる。

4.3 山地斜面の表層崩壊
(1) 表層崩壊のメカニズム

図 4.25(A)に示すように、崩壊予備物質のせん断強度 S は、一定の粘着力 c と、垂直応力 $W_n (= W\cos\beta)$ に比例して増加する摩擦力 $W_n \tan\phi$ (ϕ：内部摩擦角) の和として、以下のクーロンのせん断強度式で表せる。

$$S = W_n \tan\phi + c \tag{4-25}$$

図 4.25(B)は、W の重量をもつ物体が傾斜角 β の斜面上にある場合の力の釣り合いを示したものであるが、すべりの限界条件は以下のとおりである。

$$W\sin\beta = W\cos\beta\tan\phi + c \tag{4-26}$$

ちなみに、$C=0$ の場合は $W\sin\beta = W\cos\beta\tan\phi$ となり、斜面の限界傾斜角 β は ϕ と一致する。すべり面に間隙水圧 u が発生する場合は、土粒子同士に働く実質的な有効応力は垂直応力 $(W_n - u)$ となり、せん断強度は以下の式となる。

$$S = (W_n - u)\tan\phi + c \tag{4-27}$$

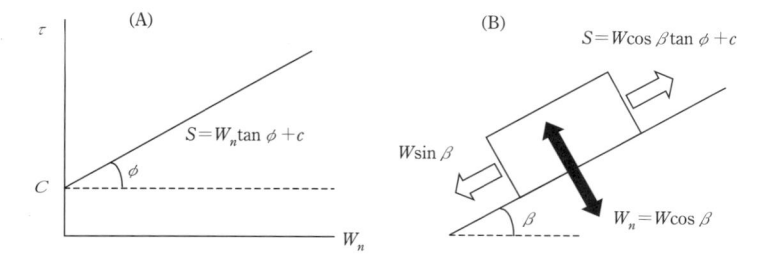

図 4.25 クーロンのせん断強度(A)と斜面上の物体の安定(B)

◇崩壊メカニズム

降雨による表層崩壊に関して、これまでに想定されてきた主なメカニズムを以下に示す。

① 地下水位(間隙水圧)の上昇による有効応力の低下
② 水みちの閉塞に伴う過剰間隙水圧の発生による有効応力の低下(被圧状態の場合)
③ 地下侵食と土層全体の沈下に伴う過剰間隙水圧の発生による有効応力の低下
④ 飽和度の増加(サクションの低下)によるみかけの粘着力低下

⑤　地下水位の上昇や飽和度の増加に伴う自重増加

図 1.1 で示したように、斜面崩壊を、潜在的崩壊面を介しての駆動力と抵抗力の釣り合いの関係でみると、①～④は抵抗力を減少させることにより、また⑤は駆動力を増加させることにより、崩壊を引き起こす。以下、①～④について説明する。

①　地下水位(間隙水圧)の上昇による有効応力の低下

土層内で飽和側方浸透流の水位が上昇すると、潜在的崩壊面(土層と基盤の境界が多い)で間隙水圧 u が上昇し、有効応力 $(W_n - u)$ の減少に伴ってせん断強度が小さくなるため、崩壊に至る(**図 4.26**)。

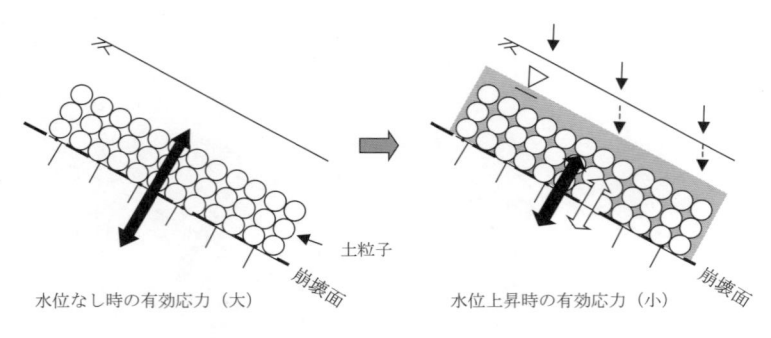

図 4.26 地下水位上昇による有効応力の低下
(黒矢印:有効応力、白矢印:間隙水圧。以下同じ)

②　水みちの閉塞に伴う過剰間隙水圧の発生による有効応力の低下
　　(被圧状態の場合)

水みちが、何らかの原因で目詰りを起こすと、水みちの流入口と目詰り部の高度差に相当する水圧が上向きに作用し、土層が持ち上げられて崩壊に至る。過剰な間隙水圧が発生して、①と同様に有効応力とそれに伴うせん断強度が小さくなることが崩壊の原因である(**図 4.27**)。

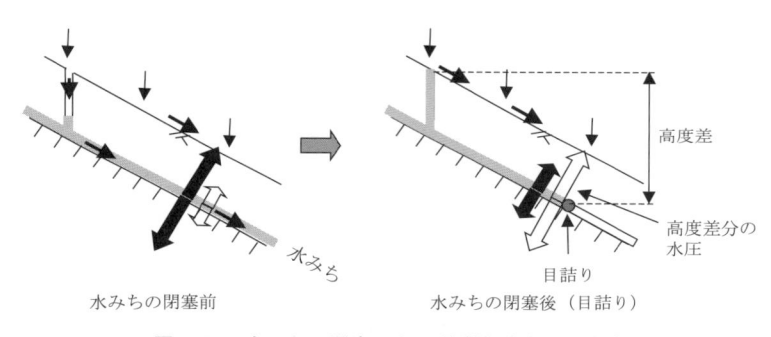

4. 表層崩壊のメカニズムと解析手法　161

図 4.27　水みちの閉塞による過剰間隙水圧の発生

③　地下侵食と土層全体の沈下に伴う過剰間隙水圧の発生による有効応力の低下

地下侵食により崩壊面に空洞ができると、土層全体が沈下して瞬間的に過剰間隙水圧が発生し、①、②と同様に、有効応力とそれに伴うせん断強度が小さくなることが崩壊の原因である（図 4.28）。

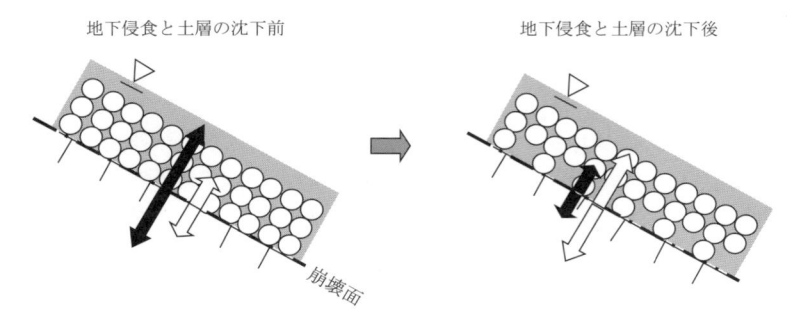

図 4.28　地下侵食と土層全体の沈下による過剰間隙水圧の発生

④　飽和度の増加（サクションの低下）によるみかけの粘着力低下

砂質の不飽和土では、間隙水圧が大気圧よりも低いために、サクション（大気圧を基準とした場合の負の圧力（吸引圧））が発生する。そして

土粒子同士を引き合う力（有効応力）により、みかけの粘着力が生じる。しかし、図 4.29 に示すように、降雨により土壌が湿潤になると、サクションの低下によりみかけの粘着力が減少して崩壊に至る。

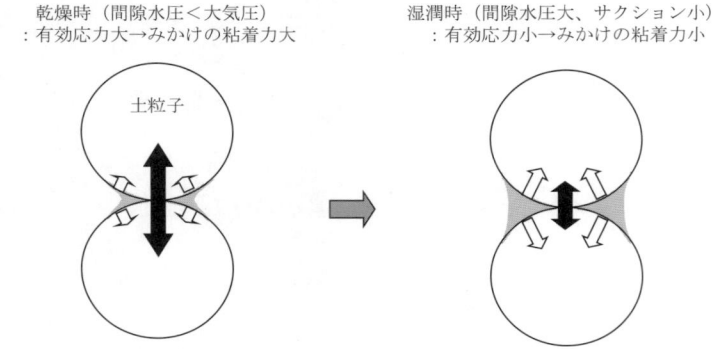

乾燥時（間隙水圧＜大気圧）
：有効応力大→みかけの粘着力大

湿潤時（間隙水圧大、サクション小）
：有効応力小→みかけの粘着力小

土粒子

図 4.29 湿潤化に伴うサクションの低下によるみかけの粘着力低下

(2) 無限長斜面の安定解析

自然斜面の崩壊では、(1)で示した様々な崩壊メカニズムが考えられるが、ここでは①を想定して、従来から多くの研究者に利用されてきた無限長斜面安定解析式を紹介する。

まず図 4.30 のような 2 層モデルから、図 4.31 に示す単位長さの平行四辺形 a、b、c、d の土塊を切り取り、それについて力の釣り合いを考える。無限長斜面安定解析では a−b 側面と d−c 側面に働く力は等しく、斜面方向の駆動力（接線応力）W_t は潜在崩壊面（b−c）の抵抗力 T だけでささえるとしているので、力の釣り合いは以下の式となる。

$$W_t = T \tag{4-28}$$

ここで、

$$W_t = W\sin\beta = \{(D-H)\gamma_t + H\gamma_{sat}\}\cos\beta\sin\beta \tag{4-29}$$

4. 表層崩壊のメカニズムと解析手法

$$T = (W\cos\beta - u)\tan\phi + c \quad (クーロンのせん断強度式より)$$
$$= \{(D-H)\gamma_t + H\gamma_{sat} - H\}\cos^2\beta\tan\phi + c \qquad (4\text{-}30)$$

W：土塊の全重量、D：土層厚、H：水深、β：斜面傾斜、γ_t：土の不飽和(湿潤)単位体積重量、γ_{sat}：土の飽和単位体積重量、c：土の粘着力、ϕ：土の内部摩擦角、u：崩壊面における間隙水圧。

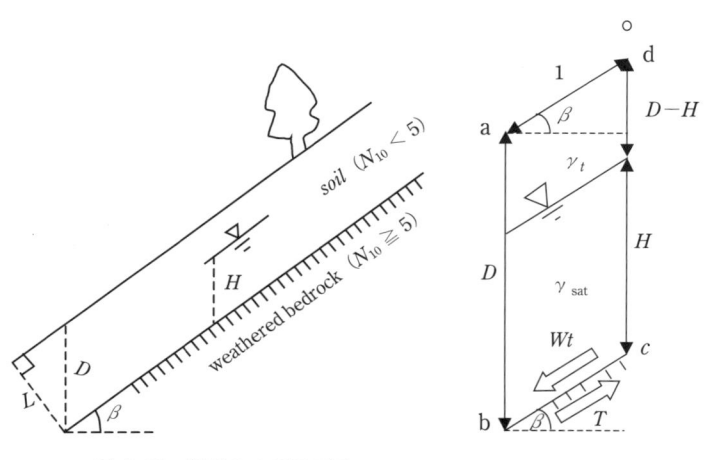

図 4.30 斜面の 2 層モデル断面図

図 4.31 単位長さ土塊の概念図

◇潜在崩壊面における間隙水圧 u の求め方

図 4.32 に示すように、斜面に平行に流れる飽和側方浸透流の等水頭線または等ポテンシャル線(一点鎖線)は流線と直交するので、斜面に直角となる。そして、同じ等水頭線上にある A 点と B 点の全水頭(＝位置水頭＋圧力水頭)は等しい。ここで、水面の A 点の圧力(水頭)u_A はゼロ(大気圧基準)なので、B 点の圧力(水頭)u_B は A 点との位置(水頭)の差 $H\cos^2\beta$ である。したがって、飽和側方浸透流の潜在崩壊面における間隙水圧 $u = H\cos^2\beta$ となる。

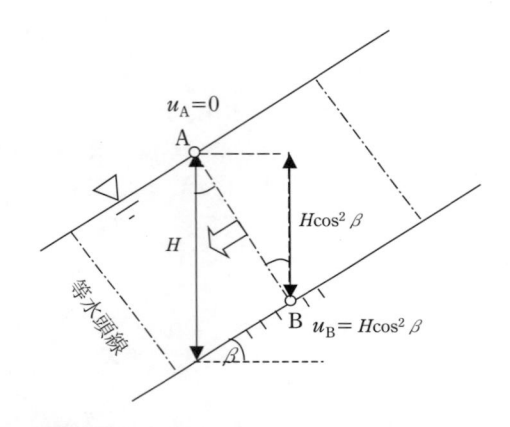

図 4.32 潜在崩壊面(土層と基盤の境界)における間隙水圧の説明図

◇臨界水深

力の釣り合いの式から、崩壊発生の臨界水深(駆動力=抵抗力となるときの水深)H_{cr}を求めると、式(4-31)となる。

$$H_{cr} = \frac{c - \gamma_t \cos^2 \beta (\tan \beta - \tan \phi) D}{\cos^2 \beta \{(\gamma_{sat} - \gamma_t)(\tan \beta - \tan \phi) + \gamma_w \tan \phi\}} \quad (4\text{-}31)$$

図 4.33 に、斜面傾斜ごとの土層深と臨界水深H_{cr}の関係の例を示す。急傾斜の斜面の場合($\beta=40$ 度$>\phi=30$ 度)には、H_{cr}と一致するときの土層深(後述の免疫土層深)以上で、土層深の増加とともに H_{cr} が単調減少し、最終的(後述の上限土層深に達した場合)には 0 となる。また、緩傾斜の斜面の場合($\beta=25$ 度$<\phi=30$ 度)には、土層深の増加とともにH_{cr}も単調増加するため逆に崩壊しにくくなる。

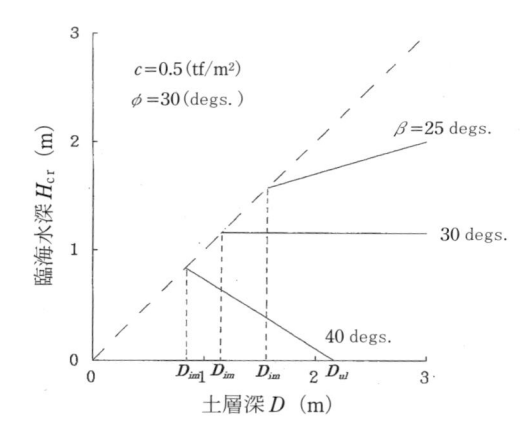

図 4.33 土層深と臨界水深の関係の例

◇免疫土層深と上限土層深

　ここで、他のパラメータの値を一定として、土層深の効果を検討する。まず、地下水位は地表面以上には上昇しないので(その場合は、飽和地表流として流下する)、臨界水深H_{cr}と一致するときの土層深を免疫土層深D_{im}(immunity soil depth)と呼ぶ。この深さになるまでは免疫性が働き崩壊しないからであるが、以下の式で表せる。

$$D_{im} = c/\cos^2\beta \{\gamma_{sat}(\tan\beta - \tan\phi) + \gamma_w \tan\phi\} \tag{4-32}$$

　土層深がD_{im}に達しても、適当な降雨が作用しなければ崩壊せずに土層は成長し続け、降雨により飽和側方浸透流の水深がH_{cr}を超えたときに崩壊する。先に述べたように、急傾斜の斜面の場合($\beta > \phi$)には、土層深の増加とともにH_{cr}が単調減少し、最終的には0となる。このときの土層深を上限土層深D_{ul}(upper limit soil depth)と呼ぶことにすれば、D_{ul}は次式で表される。

$$D_{ul} = c/\gamma_t \cos^2\beta(\tan\beta - \tan\phi) \tag{4-33}$$

以上のモデルでは、崩壊は土層深が D_{im} と D_{ul} の間で発生することになる。実際の斜面傾斜と土層深や崩壊深との関係の例を以下に示す。図4.34ではA線が D_{ul} に、B線が D_{im} にそれぞれ対応しており、理論どおりに崩壊のほとんどは D_{im} と D_{ul} の間で発生している。図4.35も同様の図であるが、実線が D_{ul} に、破線が D_{im} にそれぞれ対応しているものと推定される。

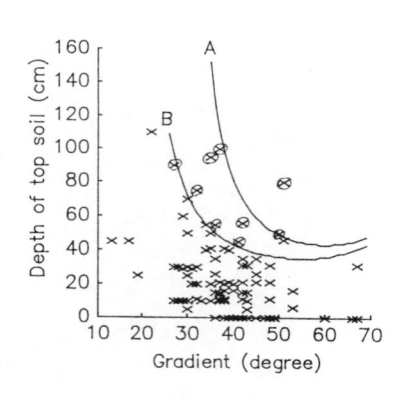

図4.34　宇治川流域の表層土厚さと斜面傾斜角（小橋、1990）

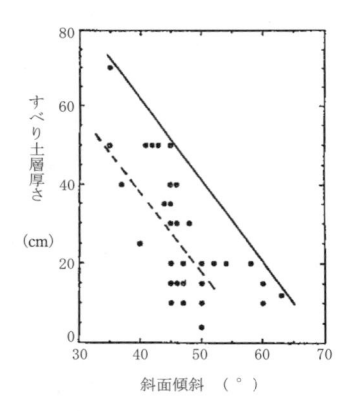

図4.35　シラス斜面における表層土層の厚さと勾配の関係（下川ほか、1987）

4.4 表層崩壊シミュレーション

簡易浸透流解析モデルと無限長斜面安定解析モデルを実際の表層崩壊にあてはめて、崩壊予測の再現性を検討する(Iida, 1999)。すなわち、災害時の最大水深 h_{max} を簡易浸透流解析により、また臨界水深 H_{cr} を安定解析によりそれぞれ求め、$h_{max} > H_{cr}$ の場合を崩壊、$h_{max} < H_{cr}$ の場合を非崩壊と判定（予測）して実際と比較し、予測の精度を検証する。

(1) 崩壊の予測精度の評価方法

「崩壊する」「崩壊しない」といった二律背反の現象を予測する場合の予測と実際の組み合わせは、以下の4ケースとなる(表4.3)。

① 崩壊しないと予測して、実際にも崩壊しないケース。
② 崩壊すると予測して、実際には崩壊しないケース(空振り)。
③ 崩壊しないと予測して、実際には崩壊するケース(見逃し)。
④ 崩壊すると予測して、実際にも崩壊するケース(捕捉・的中)。

表4.3 予測精度の評価表

(実際)	崩壊する	③ n_3 (見逃し)	④ n_4 (捕捉・的中)
	崩壊しない	① n_1	② n_2 (空振り)
		崩壊しない	崩壊する
		(予測)	

各ケースの数を n_1、n_2、n_3、n_4 とすると、全ケースの総数 N は以下の式となる。

$$N = n_1 + n_2 + n_3 + n_4 \tag{4-34}$$

崩壊の予測精度を検討する場合、一般に以下の指標が用いられる。

捕捉率　　$a = n_4 / (n_3 + n_4)$　(見逃し率：$1-a$) (4-35)

的中率　　$b = n_4 / (n_2 + n_4)$　(空振り率：$1-b$) (4-36)

捕捉率、的中率ともに0と1の間にあり、1に近いほど予測の精度は増すが、一般には、図4.36に示すように、捕捉率を上げると的中率が下がり、逆に的中率を上げると捕捉率が下がるといったように、両者は相反する関係にある。例えば、限界雨量により崩壊を予測する場合、その値を低く設定する(安全側予測)ほど捕捉の数(n_4)が増えて見

逃しの数(n_3)が減少するために捕捉率は上がるが、逆に空振りの数(n_2)も増えるために的中率は下がる場合が多い。

人命に関わる場合は、"空振りは我慢するとしても見逃しはできるだけ避ける"という安全第一の考え方が基本であり、的中率よりも捕捉率が重視される。しかし、それも程度の問題であり、空振りがあまりに多くなると信用されなくなる。

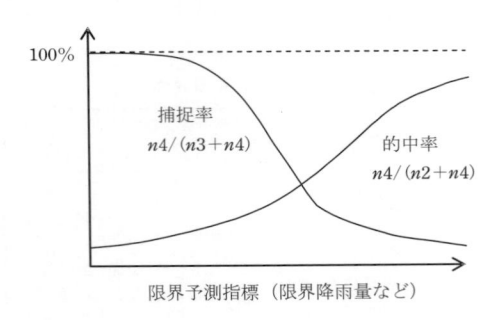

図 4.36 捕捉率と的中率の一般的な関係

捕捉率と的中率を同時に評価する際には、以下の指標が用いられる。

$$\text{スレッドスコア} \quad n_4/(n_2+n_3+n_4) \tag{4-37}$$

なお、崩壊のように稀に発生する現象の場合、一般には①のケースの数 n_1 が圧倒的に大きいので、これは除外されることが多い。

(2) 解析対象と解析条件
1) 解析対象

解析対象地は 2.1(1)節で紹介した島根県浜田市の丘陵地である。1988年7月の集中降雨により多数の斜面が崩壊したが、災害後の航空写真から作成した1/1000の地形図(等高線間隔1m)をもとに、500m×800mの範囲でメッシュ間隔5mの数値地図(DEM)を作成した。**図4.37**に解析対象範囲、および崩壊面と簡易貫入試験の位置図を示す。

そして、結果が既に判明している、実際の崩壊メッシュグループ(**表4.3**の③と④の和)と非崩壊メッシュグループ(同①と②の和)を以下のように設定し、シミュレーションによる予測精度の検証を行った。

・崩壊メッシュグループ

図4.37に示すように、解析対象範囲の崩壊面は全部で29面(番号1～29)である。各崩壊面は隣接した複数の崩壊メッシュ(▲)からなるが、これを崩壊メッシュグループとした。メッシュ総数(n_3+n_4)は164である(**表4.6**参照)。

・非崩壊メッシュグループ

ここでは、土層深のデータがある簡易貫入試験地点(○)の中で、崩壊の可能性が高い傾斜30度以上の地点の最近メッシュを非崩壊メッシュグループとした。メッシュ総数(n_1+n_2)は183である(**表4.6**参照)。

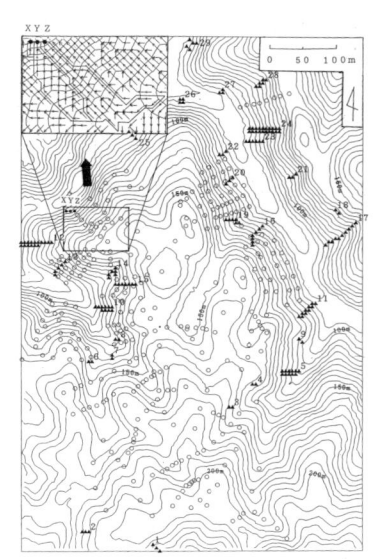

図4.37 5m数値地図から再現した地形図と流線網拡大図
○:簡易貫入試験地点、▲:1988年災害時の崩壊面
x、y、zは後述計算のサンプル地点

2) 解析条件
 i) 浸透流解析条件

両グループともに、1988年7月の土砂災害時の最高水位 h_{max} を簡易浸透流解析によりメッシュごとに推定した。具体的には、下記の式により災害時の水位の時系列を1時間おきに計算して最高水位を求めた。

$$H(i) = \sum_{j=1}^{j_{max}} R\,(i-j)\,(da'/\,d\tau(j))/(k\sin\beta\cos\beta) \qquad (4\text{-}38)$$

計算に必要な情報は、①降雨時系列 $R(i)$、②修正地形単位図 $da'/d\tau$(傾斜 β、透水係数 k、有効空隙率 γ、減衰係数 α)であるが、概要を以下に示す。

① 降雨時系列(R)

浜田測候所(アメダス)によれば、1988年7月災害時の降雨は、最大時間雨量84mm、最大6時間雨量350mmという激しい豪雨であった。このときの降雨時系列データ(**図4.38**)を解析に用いた。その際、無効降雨の処理はせず、すべての降雨が水位上昇に寄与するとした。

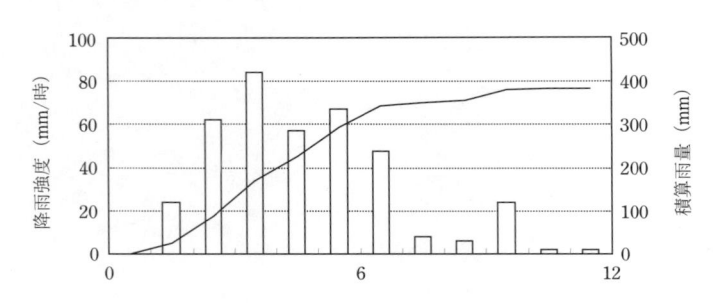

図4.38 1988年災害時の降雨経時変化図(浜田測候所)
(7月15日 0時起点)

② 修正地形単位図 $da'/d\tau$(傾斜 β、透水係数 k、有効空隙率 γ、減衰係数 α)

数値地図をもとに、**図 4.37** の拡大図に示したような落水線(8 方向の最大傾斜 β 方向。基盤の傾斜＝地形の傾斜とする)から、地形単位図を全メッシュについて求めた。透水係数 k、減衰係数 α といった土層の水理定数については、後述の安定解析と併せて、崩壊グループと非崩壊グループがうまく分かれるように、最適値を試行錯誤的に求めた。有効空隙率 γ は土質試験により求めた。結果を**表 4.4** に示す。また、**図 4.39** に最終的な修正地形単位図の例を示す。

表 4.4　最適水理定数

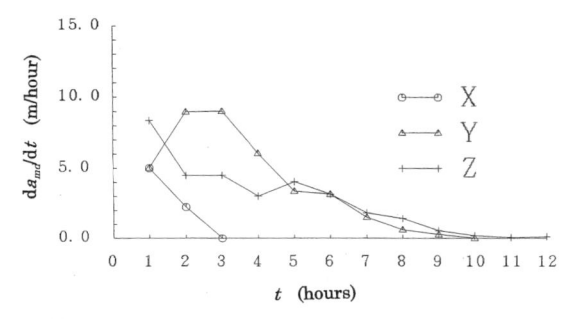

k (cm/秒)	γ (%)	α (1/時)
0.1	20	0.4

図 4.39　修正地形単位図の例(X、Y、Z は図 4.37 のサンプル地点)

図 4.37 の拡大図に示したように、X 地点は尾根型斜面の下部にあり、比集水面積が小さい。一方、Y、Z 地点は谷型斜面の下部にあり、比集水面積が大きい。また、減衰係数 α は 0.4 と大きく(半減期:1.7 時間)、浸透水の多くが基盤内へ浸透したものと推定したが、無効降雨として不飽和土による吸収や、水みちによる流出の可能性もある。

ii) 安定解析条件

両グループのメッシュごとに、1988年7月の土砂災害時の臨界水深 H_{cr} を以下の式より推定した。

$$H_{cr} = \frac{c - \gamma_t \cos^2 \beta (\tan \beta - \tan \phi) D}{\cos^2 \beta \{(\gamma_{sat} - \gamma_t)(\tan \beta - \tan \phi) + \gamma_w \tan \phi\}} \quad (4\text{-}31) \quad (再掲)$$

計算に必要な情報は、斜面(基盤)傾斜 β、①土の強度定数(粘着力 c、内部摩擦角 ϕ)と密度(湿潤単位体積重量 γ_t、飽和単位体積重量 γ_{sat})および②土層深 D であるが、概要を以下に示す。

① 土の強度定数(c、ϕ)と密度(γ_t、γ_{sat})

土質試験から求めた、当地域の土層の強度定数と密度を**表 4.5** に示す。ここでは、樹木の根による強度増加効果は無視できるものと仮定している。

表 4.5 地盤の強度定数と物性

c (tf/m²)	ϕ (degs.)	γ_t (tf/m³)	γ_{sat} (tf/m³)
0.5	30	1.5	1.7

② 土層深 D

・非崩壊メッシュグループの土層深

2.1(1)節に示したように、本調査地では多数の簡易貫入試験を実施したが、非崩壊グループの土層深としては試験結果 $D5$(N_c 値が5を超える深さ)の値をそのまま用いた。表層崩壊に直接関与すると推定される $D5$ と傾斜との関係を**図 4.40** に○で示す。

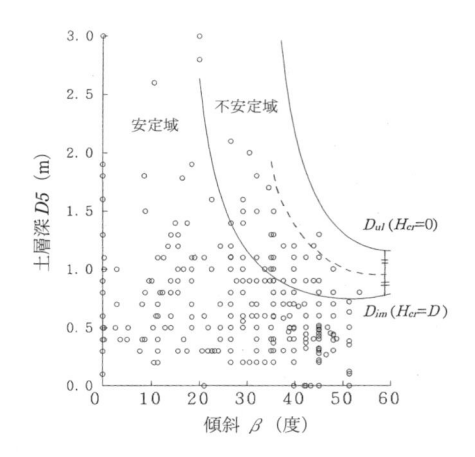

図 4.40 傾斜と D5 相関図

・崩壊メッシュグループの（崩壊前）土層深

崩壊メッシュグループの崩壊前の土層深については、滑落崖などによる推定が困難だったため、傾斜ごとに、表 4.5 の定数を用いた免疫土層深 D_{im}（式(4-32)）と上限土層深 D_{ul}（式(4-33)）の傾斜ごとの平均値（($D_{im}+D_{ul}$)/2、図 4.40 の破線）と仮定した。

(3) 予測精度の検討

以上の条件を用いたシミュレーションにより、あらためて崩壊・非崩壊の理論的判定を実施した。非崩壊メッシュグループと崩壊メッシュグループについて、メッシュごとの検討を行った結果と、崩壊メッシュグループについて、崩壊面として再評価した結果を以下に示す。

1) メッシュごとの検討

図 4.41 は、非崩壊メッシュ（〇）について h_{max} と H_{cr} の大小関係を比較検討したものである。同様に、図 4.42 は、個々の崩壊面を区別せずに、1988 崩壊メッシュ（×）について h_{max} と H_{cr} の大小関係を比較検討

したものである。いずれも、理論的には $h_{max} > H_{cr}$ 部が崩壊領域、$h_{max} < H_{cr}$ 部が非崩壊領域である。なお、土層深 $D5$ が免疫土層深 (D_{im}) 以下の場合には、水位にかかわらず崩壊しないとしているので、図 4.41 の H_{cr} の値を便宜的に 2m の位置に図示した。

この結果をもとにした予測精度評価表を表 4.6 に示す。的中率は 94% (=106/(7+106)) と比較的高いが、これについては崩壊面の土層深を大き目 (($D_{im} + D_{ul}$)/2) に設定したことと、すべての非崩壊メッシュを対象としていないことのため、割り引いて捉える必要がある。一方、捕捉率の精度は 65% (=106/(58+106)) と、それほど高くない。これは、非崩壊と予測したのに実際には崩壊したメッシュ（見逃し）の割合が多いためである。この見逃しのメッシュについては、崩壊前の実際の土層深が、参考値として推定した値 (($D_{im} + D_{ul}$)/2) よりも大きく、実際には崩壊領域 ($h_{max} > H_{cr}$) に入っていたことも考えられるが、崩壊源としての崩壊メッシュが、理論的には崩壊しない隣接メッシュに影響を及ぼし、2 次崩壊を引き起こした可能性もある。

非崩壊メッシュ

② 崩壊域 $h_{max} > H_{cr}$

① 非崩壊域 $h_{max} < H_{cr}$

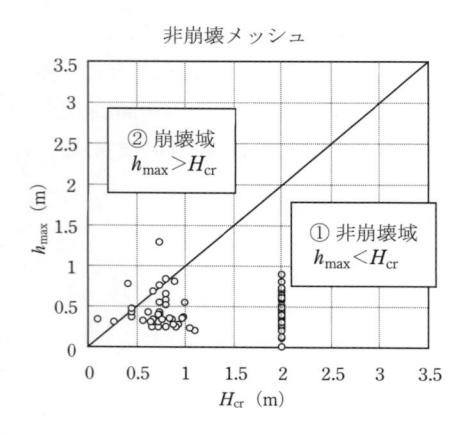

図 4.41 非崩壊メッシュグループの臨界水深 H_{cr} と
1988 災害時最大水深 h_{max} の関係
($h_{max} > H_{cr}$：崩壊、$h_{max} < H_{cr}$：非崩壊)

崩壊メッシュ

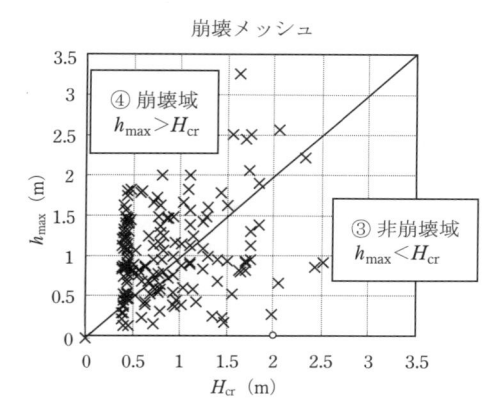

図 4.42 崩壊メッシュグループの臨界水深 H_{cr} と 1988 災害時最大水深 h_{max} の関係
($h_{max} > H_{cr}$：崩壊、$h_{max} < H_{cr}$：非崩壊)

グラフ中注記：
- ④ 崩壊域 $h_{max} > H_{cr}$
- ③ 非崩壊域 $h_{max} < H_{cr}$

表 4.6 メッシュによる予測精度判定表

(実際)	崩壊グループ	58 (35%)	106 (65%)	164 (100%)	1988 崩壊メッシュ
	非崩壊グループ	176 (96%)	7 (4%)	183 (100%)	貫入試験地点近傍メッシュ
		非崩壊	崩壊	合計	備考
		(予測)			

2) 崩壊面ごとの検討

そこで、実際の崩壊メッシュについては、29 個の崩壊面ごとに、「1 つでも崩壊メッシュが含まれれば崩壊」という判定基準により、予測精度の再評価を行った。**図 4.43** は個々の崩壊面（数字は**図 4.37** の崩壊面番号に対応）ごとに、崩壊領域に含まれるメッシュ数と非崩壊領域に含まれるメッシュ数を示したものである。29 個の崩壊面のうち、崩壊メッシュを全く含んでいないのは、崩壊面積（メッシュ数）が比較的小さな 3 個（No.3、4、8）だけである。

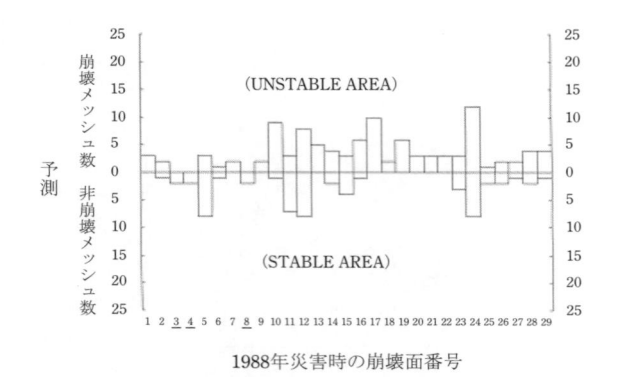

図 4.43　1988 年の崩壊面に占める理論的な崩壊
メッシュ数と非崩壊メッシュ数

そこで、周囲の非崩壊部を巻き込む崩壊(2 次崩壊)を想定して、理論的な崩壊メッシュを1つでも含む面を崩壊面、全く含まない面を非崩壊面として作成したのが**表** 4.7 の予測精度判定表である。この場合の捕捉率は 90%(＝26/(3＋26))と、メッシュ単位でみた捕捉率 65% よりも高くなり、予測精度は増す。

表 4.7　崩壊面に含まれる崩壊メッシュ数による予測精度判定表

実際の崩壊グループ	3 (10%)	26 (90%)	29 (100%)	1988 崩壊面
	非崩壊	崩壊	合計	備考
	(予測)			

以上、全メッシュを解析対象としていないことや、1988 崩壊メッシュにおける崩壊前の土層深の設定など不確かさはあるものの、**表** 4.4 と**表** 4.5 で設定した水理定数や土質定数のパラメータについて、概ね妥当性が検証できたものと思われる。これらの定数は第 6 章の崩壊確率モデルに利用される。

参考・引用文献

1) Anderson,M.G. and Burt,T.P.(1978)：The role of topography in controlling throughflow generation:Earth Surface Processes,3, pp.331～344
2) Hewlett,J.D. and Nutter,W.L.(1970)：The varying source area of streamflow from upland basins, Proceedings of the symposium on Interdisciplinary Aspect of Watershed Management, ASCE, pp.65～83
3) 羽田野誠一(1976)：降雨に起因する表層崩壊危険度調査の一手法、第13回自然災害シンポジウム論文集、pp.3～4
4) 平松晋也・水山高久・石川芳治(1990)：雨水の浸透・流下過程を考慮した表層崩壊発生予測手法に関する研究、新砂防、VOL.43、pp.5～15
5) 飯田智之(1984)：飽和中間流に対する斜面形状の効果の評価法、地形、5、pp.1～12
6) Iida,T.(1999) : Stochastic hydro-geomorphological model for shallow landsliding due to rainstorm. Catena, 34, pp.293～313
7) 石原藤次郎・高樟琢馬(1962)：中間流出現象とそれが流出過程に及ぼす影響について、土木学会論文集、第79号
8) 柏谷健二・平野昌繁・横山康二・奥田節夫(1976)：山腹崩壊と地形特性に関して －昭和50年5号台風による高知県下の山腹崩壊を対象として－、京大防災研年報、19B-1、pp.371～383
9) 小橋澄治(1990)：4.3節 斜面崩壊手法とその問題点、文部省科学研究費重点領域研究、豪雨による土砂崩壊の予測に関する研究、研究代表者、道上正規、pp.106～112
10) 村野義郎(1965)：降雨型山くずれの研究、新砂防、17、pp.1～8
11) 松尾和昌・酒匂一成・北村良介(2002)：斜面崩壊予知戦略 －南九州シラス地帯を例として－自然災害科学、21巻1号、pp.25～33
12) 三隅良平・小口 高・真木雅之・岩波 越(2004)：分布型流出モデルを用いた表層崩壊危険域のリアルタイム予測、自然災害科学、23-3、pp.415～432
13) 恩田裕一・奥西一夫・飯田智之・辻村真貴編(1996)：「水文地形学 －山地の水循環と地形変化の相互作用－」、古今書院
14) 沖村 孝(1983)：山腹崩壊発生位置の予測に関する一研究、土木学会論文集、第331号、pp.113～120
15) 沖村 孝・市川龍平(1985)：数値地形モデルを用いた表層崩壊危険度の予測法、土木学会論文集、第358号/Ⅲ-3、pp.69～75
16) 下川悦郎・地頭薗 隆・中村淳子(1987)：鹿児島市における崖くずれの特徴と予知、自然災害西部地区部会報、4、pp.41～52
17) 田中 正・安原正也・丸井敦尚(1984)：多摩丘陵源流域における流出機構、

地理学評論、57、pp.1～19
18) 田中 正(1989)：流出、気象研究ノート、No.167、pp.67～89
19) 田中 正(1996)：2.5節 降雨流出過程、「水文地形学 －山地の水循環と地形変化の相互作用－」、古今書院、pp.56～66
20) Tsukamoto Y.,Ohta,T. and Noguchi,H.(1982)： Hydrological and geomorphological studies of debris slides on forested hillslopes in Japan, IAHS,137, pp.89～98
21) 塚本良則(1998)：「森林・水・土の保全－湿潤変動帯の水文地形学－」、朝倉書店、pp.63～67
22) 内荻珠男(1971)：ひと雨による山腹崩壊について、新砂防、23、pp.21～34
23) 八木則男・矢田部龍一・榎 明潔(1985)：降雨時の斜面崩壊予知に関する室内及び現地実験、地すべり、第22巻、第2号、pp.1～7

5. 土層深の頻度分布からみた崩壊確率の経年変化

現気候下では、わが国の山地斜面における最も顕著な侵食作用は表層崩壊である。そして、表層崩壊には免疫性(小出、1955)があり、それを規定している主な要因は土層深と考えられている(沖村、1983；下川、1983など)。個々の斜面に着目すると、図 5.1 に示すように、崩壊が発生して土層が除去された後、時間の経過とともに土層が成長してゆく。そして、免疫土層深までは崩壊せず、土層深がそれ以上になり、しかも限界雨量以上の降雨が発生したときにはじめて崩壊する。このような斜面での、崩壊後の土層の回復に関する研究は、2.3 節に示した下川悦郎氏などにより進められている。

山地は、こういったプロセスを繰り返す斜面の集合体とみなすことができる。山地斜面の土層深は、長年の土の集積作用と崩壊による侵食作用の正味の積分値である。そのため、崩壊履歴の結果としての土層深の分布は、表層崩壊に関する有力な情報を含んでいることが期待される。ここでは、土層の成長に伴って崩壊の発生しやすさがどのように変わるのかを、土層深の頻度分布から推定する方法と試験地での適用結果を示す(飯田、1996)。

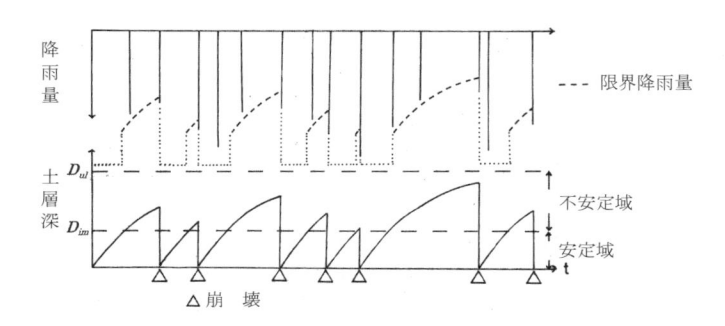

図 5.1　土層の集積と除去の概念図(飯田、1996)
D_{ul}：上限土層深、D_{im}：免疫土層深(4.3(2)節)

5.1 崩壊確率の考え方
(1) 年齢別人口分布と死亡確率

斜面の崩壊しやすさの経年変化を議論する前に、まず年齢別人口分布を用いて人の死亡しやすさの経年変化を検討してみよう。「時間の経過とともに斜面の崩壊しやすさがどう変化するのか？」という問題は、「年齢とともに、人の死亡しやすさはどう変化するのか？」という問題とのアナロジーが可能だからである。

図 5.2 は、わが国の 2009 年 10 月現在の年齢別人口分布図である。第1次・第2次のベビーブームによる人口増加や、戦争や丙午（ひのえうま）の迷信による人口減少などが一目で分かる。60 歳を過ぎた頃から年齢とともに人口が減少するのは寿命や病気で死亡するためであるが、その減少勾配は年齢による死亡しやすさの目安となる。実際には、出生数も年齢ごとの死亡数も毎年変化するために、この分布形状は徐々に形を変えながら上にシフトしてゆく。

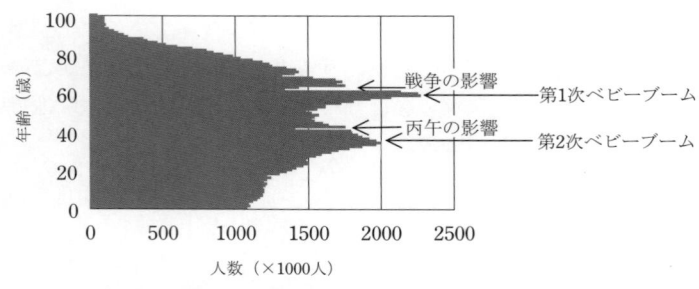

図 5.2 日本の年齢別人口分布図(2009 年 10 月 1 日)
（厚生労働省の人口統計資料より）

ここで、図 5.3 に示すような、年齢別人口が年とともに変化しない仮想社会を想定する。戦争や天変地異による人口の急減や急増がなく、出生数と年齢別の死亡数が毎年同じで、年齢別人口分布の形が年ごとに変化しないという仮想の社会である。

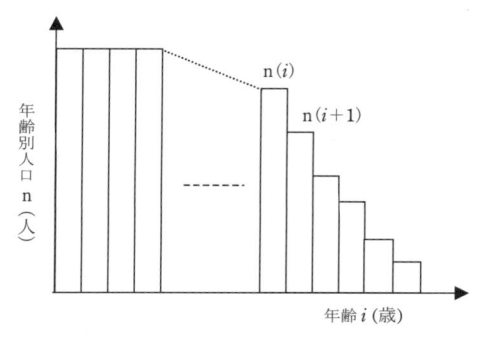

図 5.3 年齢別人口分布が定常的な仮想社会（ただし、**図 5.2** とは x, y 軸が逆）

次に、年齢による死亡しやすさを表す指標として以下のような 2 種類の死亡確率を考えてみよう。

短期死亡確率 Qp(i)：年齢 i の人が 1 年後に死亡する確率

長期死亡確率 Pp(i)：出生した人が i 年目に死亡する確率

各死亡確率は以下の式で推定することができる。

$$Qp(i) = (n(i) - n(i+1))/n(i) \tag{5-1}$$

$$Pp(i) = (n(i) - n(i+1))/n(0) \tag{5-2}$$

ここで n(i)：年齢 i の人口数（減少関数）である。

試みに、わが国における実際の年齢別人口の**図 5.2** に対して、この式を当てはめてみよう。ただし、年齢別人口が定常的など前述の前提条件に近づけるために、以下の処理を行う。

① 実際は年ごとに出生数が異なるので、年齢別人口 n(i) をそれぞれの出生数（出生時の人口）で割って規格化した生存率で置き換える。

② 太平洋戦争終戦前後の 1944〜1946 年の出生数と、それに対応する 2009 年時の 63〜65 歳の人口は、その前後の値から内挿によって求める。これは、その年の人口が急増したことと、戦争の混乱

のために、正確な出生数が不明なためである。
③ 丙午の出生数が極端に少ないなどにより、年ごとの計算ではばらつきが大きいので、5歳ごとのランク別に集計して上記の計算を行う。

図5.4に結果を示す。全体の傾向に着目すると、Q_p は40歳を過ぎたころから増加しはじめ、70歳ころから急増している。これは、人の死亡しやすさが加齢により一方的かつ加速的に増加することを裏付けたものと考えられる。また、Q_p が増加しはじめる40歳過ぎの年齢はいわゆる「厄年」に対応しており、興味深い。一方、P_p は、70歳から90歳の間にピークがあり、現在のわが国では大部分の人がこの年齢で死亡するという実感を統計的にも裏付けたものと言えよう。

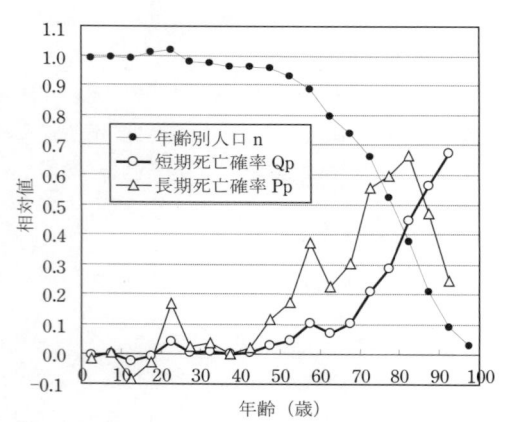

図5.4 わが国の年齢別人口分布(図5.2)から推定される
短期死亡確率と長期死亡確率
(年齢別人口は、相対値として5歳ごとに
集計した年齢別生存率で置き換えている)

(2) 年齢別土層分布と崩壊確率

ここで斜面の免疫性の問題に戻ろう。1.3節で述べたように、わが国のほとんどの急斜面では、地質にかかわらず表層崩壊が発生している。

ただし、1回分の崩壊面積は、激甚災害と呼ばれる場合でも全体の面積のせいぜい5％にすぎない(竹下、1985)ことから、数百年〜数千年のタイムスケールでは、崩壊誘因(主に降雨)が発生するたびに順次場所を変えながら、斜面のほとんどの面積をカバーして、表層崩壊が発生しているものと考えられる。清水ほか(1995)は同様の考え方で、北海道の調査地の急斜面に対して、年代が判明している数種類の火山灰の分布に関する詳細な調査を行い、それぞれの分布面積の割合から過去8000年間の崩壊の回数や再現期間を推定している(1.4(1)節)。

斜面崩壊を人の死亡になぞらえて、死亡確率と同様に崩壊確率の経年変化を検討するために、まず崩壊後の経過年数を土層年齢 i と定義する。この値は後述する土層の成長モデルにより、土層深から逆算することができる。そして、年齢別人口分布を土層の年齢別頻度分布で置き換えることで、崩壊確率の推定が可能となる。そこで、斜面の崩壊しやすさを表す指標として、死亡確率と同様に以下の2つの崩壊確率を定義する。

　短期崩壊確率 $Q(i)$：年齢 i の土層(斜面)が1年後に崩壊する確率
　長期崩壊確率 $P(i)$：前回の崩壊から i 年目に崩壊する確率

これらの崩壊確率は、死亡確率と同様に以下の式で推定できる。

$$Q(i) = (n(i) - n(i+1))/n(i) \tag{5-3}$$

$$P(i) = (n(i) - n(i+1))/n(0) \tag{5-4}$$

ここで $n(i)$：土層年齢 i の頻度(減少関数)である。この場合、Q は崩壊の発生しやすさ、逆に言えば免疫性に関連した崩壊の発生しにくさを表す指標となる。この値が崩壊前後で、あるいは崩壊後の経過時間 i に対して変化がなければ免疫性がないことになり、i とともに増加すれば免疫性が時間の経過とともに失われて崩壊しやすくなると推定されるからである。

ここで、図 5.5 に3つのケースに対する土層年齢の頻度 n、短期崩壊確率 Q、長期崩壊確率 P の年齢別変化の概念図を示す。

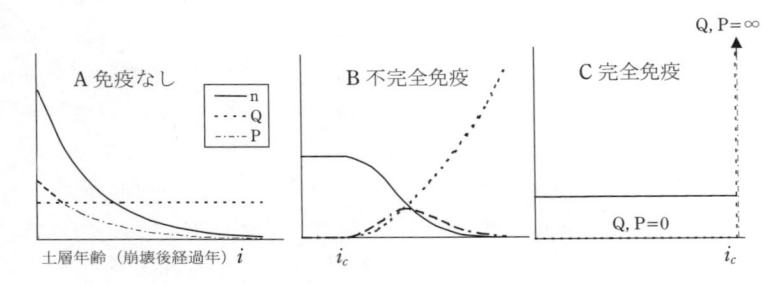

図 5.5 土層年齢と長期・短期崩壊確率のタイプ(飯田、1996)

ケース A(免疫なし)：土層年齢にかかわらず Q が一定で、崩壊の前後でも崩壊しやすさが変化しないので、n と P は指数関数的に減少する。これは免疫性がない場合に相当する。

ケース B(不完全免疫)：ある土層深(4.3(2)節の免疫土層深 D_{im})に対応する i_c の土層年齢(免疫期間)までは崩壊しない(Q=0)が、それを過ぎると Q が年齢とともに増加するというものである。これは、崩壊後一定期間は免疫性により崩壊しないが、その後は時間とともに免疫性が失われて崩壊しやすくなる場合に相当する。P も土層年齢とともに増大するが、ピーク後は減少する。

ケース C(完全免疫)：ケース B の極端な場合で、土層年齢 i_c までは崩壊せず(Q=0)、その年齢に到達した途端に斜面が崩壊するというものである。土層の頻度は年齢により変わらず、崩壊確率 Q、P はいずれも i_c 未満で 0、i_c で無限大(P の積分値は 1)となる。これは、ある土層深(免疫土層深 D_{im})までは免疫性により崩壊しないが、その土層に達した途端に免疫性がなくなり崩壊する場合に相当する。長期的にみた場合、しかるべき大きさの誘因が常時作用しており、素因としての土層深がある限界値に達したらすぐに崩壊するケース(飯田・奥西、1979)に相当する。

5.2 浜田試験地の土層深からみた崩壊確率の経年変化
(1) 崩壊確率計算の準備と方法

2.1(1)節で紹介した島根県浜田市の調査地での土層深の調査結果に、式(5-3)、(5-4)を当てはめて、崩壊確率の経年変化をみてみよう。

◇解析対象

これまでの議論では、単位斜面という概念で暗黙裡に斜面を個別化しており、面的に広がる実斜面に適用する際には、注意が必要である。ここでは、表層崩壊の発生源を想定し、傾斜が35°以上の調査地点(斜面)を解析対象とした。すなわち、土層の調査地点を中心とする単位斜面を想定し、その土層深 $D5$ を単位斜面の土層深の代表とした。ただし、崩壊の発生しやすさ(崩壊確率)には明らかに傾斜の影響があるので、傾斜ごとにグループ分けして、それぞれのグループごとに崩壊確率を求めた。5度きざみで35°〜40°、40°〜45°、45°〜50°、50°〜55°の4段階にグループ分けした場合の土層深頻度分布を**図 5.6**に示す。

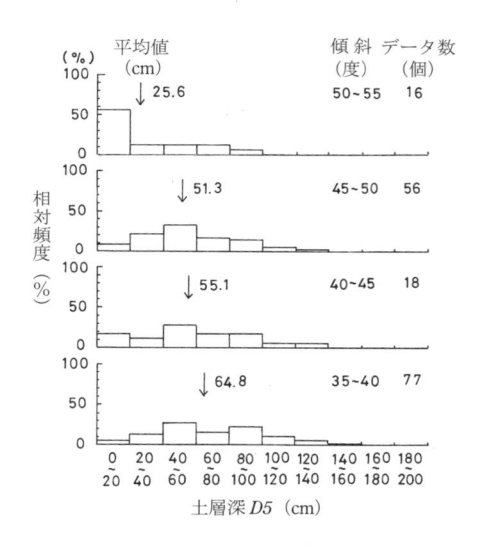

図 5.6　浜田試験地における傾斜グループごとの土層深($D5$)頻度分布

田中(1982)や下川ほか(1989、本書の図 2.65 参照)は、図 5.6 と同様の土層(または風化層)の深さや厚さの頻度分布図を用いて、頻度が急激に減少する深さ(例えば、図 5.6 の 50～55 度のグループでは 20cm)を崩壊の限界深と推定したが、土層深を土層年齢で置き換えた 5.1(2)節のモデルは、その延長上にある。

◇土層年齢の推定

土層の成長曲線により土層深 $D5$ を土層年齢 i に変換できるので、それぞれの傾斜グループごとに年齢頻度分布が求められる。ただし、$D5$ は鉛直方向に測った値なので、土層年齢に換算する場合には、斜面の法線方向の厚さ $L(=D5\cos\beta$、β は斜面勾配)に変換する。そして、当地域の土層の成長速度式としては、後述の(6-3)式で土壌匍行の項を無視できる($V_c=0$)として積分した以下の式を用いるものとする。

$$L(i) = \ln(0.0007 \cdot i + 1) + 0.15 \tag{5-5}$$

(図 6.1 の $V_c=0$(平滑斜面)の場合の土層成長曲線。ln：自然対数)

したがって土層年齢 i は以下の式となる。

$$i = \{\exp(D5\cos\beta - 0.15) - 1\}/0.0007 \tag{5-6}$$

◇土層年齢の累積頻度の近似曲線

今回のようにデータ数が少ない場合には、土層年齢のランクの境界や幅のとり方で頻度分布の形が大きく変化する。そこで、ここでは累積頻度分布図を作成し、それに近似曲線を当てはめることでスムージングを行った。そして、以下の手順で土層年齢頻度 n、短期崩壊確率 Q、長期崩壊確率 P を推定した。

◇計算手順

① 傾斜グループ別に土層年齢の若い順に並べて、それを順次足し合わせて累積頻度分布を作成する。

② 累積頻度分布図の近似曲線として以下のロジステイック関数(成長曲線)を当てはめる。パラメータは a のみであるが、この値は試行錯誤で求める。

$$f(i) = \{1/\{1+\exp(-ai)\} - 0.5\} * 2 \tag{5-7}$$

③ 累積頻度の近似曲線の勾配(微分)が土層年齢ごとの頻度 n となるが、ここでは 100 年ごとの近似曲線の差分を頻度 n とする。

④ さらに 100 年ごとの頻度 n の差分(近似曲線の 2 階微分)により、Q、P の相対値を計算する。したがって Q、P はいずれも 100 年間に崩壊する確率となる。

(2) 傾斜別崩壊確率と免疫性の検討

以上の手順で得られた結果を以下に示す。図 5.7 は、浜田試験地における傾斜グループ別の土層年齢累積頻度分布図と近似曲線である。各グループとも多少のばらつきはあるが、概ね近似できている。

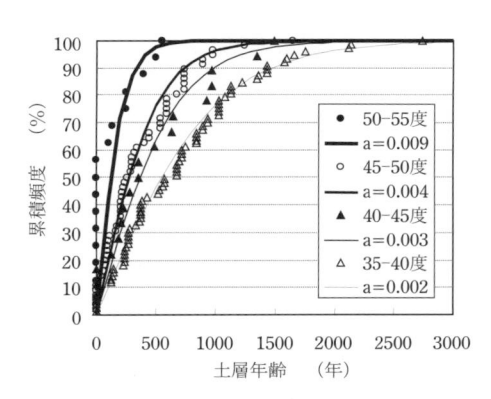

図 5.7 傾斜ランク別の土層年齢累積頻度分布図と近似曲線

図 5.8 は。傾斜グループ別に、近似曲線の 100 年ごとの差分から求めた土層年齢頻度分布 n である。傾斜が緩くなるほど、年齢が低い土層の割合が減り、逆に年齢が高い土層の割合が増えている。

図 5.9 は、土層年齢頻度分布曲線から求めた、傾斜グループごとの短期崩壊確率 Q の経時変化図である。いずれの傾斜範囲でも、Q は年とともに増加しており、崩壊しやすさが年とともに増加している。す

なわち免疫性が年とともに失われていく様子がみてとれる。すなわち、図 5.5 で示した 3 つのケースの中では、免疫期間は不明瞭だが、B に近い。なお、いずれの傾斜グループでも土層年齢の増加とともにそれぞれの一定値に収束しているが、これは近似曲線の性質による。

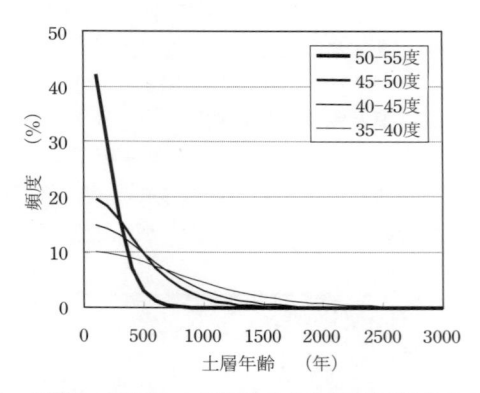

図 5.8 傾斜ランク別の土層年齢頻度分布図（近似曲線の差分）

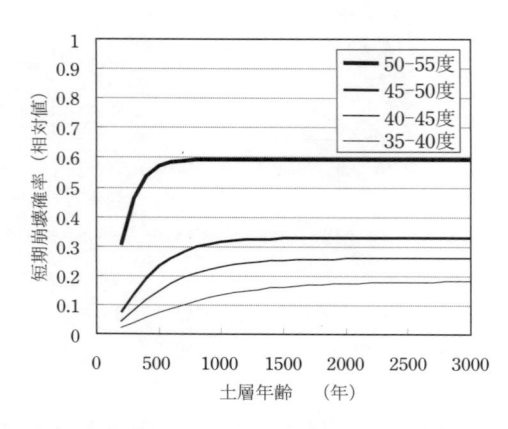

図 5.9 傾斜ランク別の短期崩壊確率 Q と土層年齢の関係

5. 土層深の頻度分布からみた崩壊確率の経年変化 189

同じく、図 5.10 に傾斜グループごとの長期崩壊確率 P の経時変化を示す。いずれも、土層年齢が高くなるにつれて P の値も増加し、ピークに達した後に減少する。また、傾斜が大きいほど、ピークに対応する土層年齢が小さく、かつピーク後の P の減少率が大きくなっている。50〜55 度の場合は、1000 年以内に崩壊が発生するのに対して、傾斜が緩くなるにつれて 1000 年以上で崩壊する割合が増えている。

以上のことから、土層年齢の頻度分布からみても、土層年齢が高くなる、すなわち、土層深が大きくなるほど、崩壊が発生しやすくなり、その傾向は傾斜が増加するほど強くなることが推定された。

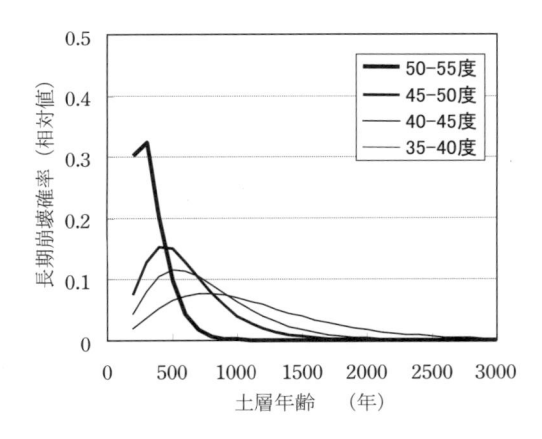

図 5.10 傾斜ランク別の長期崩壊確率 P と土層年齢の関係

参考・引用文献
1) 飯田智之・奥西一夫(1979)：風化表層土の崩壊による斜面の発達について、地理評、52、pp.426〜438
2) 飯田智之(1996)：土層深頻度分布からみた崩壊確率、地形、17、pp.69〜88
3) 小出 博(1955)：「山崩れ －応用地質Ⅱ－」、古今書院、p.20
4) 沖村 孝(1983)：山腹表層崩壊発生位置の予知に関する一研究：土木学会論文報告集、331、pp.113〜120

5) 清水 収・長山孝彦・斉藤政美(1995)：北海道山地小流域における過去8000年間の崩壊発生域と崩壊発生頻度、地形、16、pp.115〜136
6) 下川悦郎(1983)：崩壊地の植生回復過程、林業技術、496、pp.23〜26
7) 下川悦郎・地頭薗 隆・高野 茂(1989)：しらす台地周辺斜面における崩壊の周期性と発生場所の予測、地形、10、pp.267〜284
8) 竹下敬司(1985)森林山地での土層の生成を考慮した急斜面の生成過程に関する考察、地形、6、pp.317〜332
9) 田中芳則(1982)：斜面表層の厚さと分布形態について、応用地質、23-1、pp.7〜17

6. 土層の成長と降雨確率からみた崩壊確率モデル

　過去の歴史を再現してそれを将来に役立てるのは、地質学や地形学といった歴史科学の目的のひとつである。このような自然現象の歴史では、現在と同様の現象が、同じ物理法則に支配されてこれまで発生しており、これからも継続して発生すると推定されるからである。

　第5章では土層年齢の頻度分布により崩壊確率の経年変化を検討したが、ここでは、同じ島根県浜田市の試験地を対象として、実際のプロセスに沿った形で崩壊確率モデルを作成し、斜面ごとの崩壊再現期間を求める。さらに、同じモデルを用いて、崩壊発生履歴のシミュレーションを実施した結果を示す。もちろん、個々の斜面崩壊を再現することはできないが、流域単位での擬似的な崩壊履歴を再現することで、斜面崩壊の長期的・統計的な傾向を推定し、免疫性の問題、土層深の分布特性、降雨に対する斜面崩壊の慣れの問題を検討する。

6.1　崩壊確率モデルの概要

　これまで繰り返し述べたように、湿潤温暖気候に属するわが国の急斜面では、表層崩壊が主要なマスムーブメントである。図5.1の概念図のように、山地斜面では、主に降雨による崩壊で土層が除去された後、風化等により回復する、といったサイクルが交互に繰り返されている。そして、崩壊の限界雨量や免疫期間を規定する要因として、土層の深さが最も重要であると推定されている。ここでは、土層の成長、降雨による飽和側方浸透流の水位の上昇、土層の不安定化による崩壊発生といった実際の現象に沿った形で崩壊確率モデルを作成する。
◇短期崩壊確率と長期崩壊確率の関係および崩壊再現期間(周期)

　まず、第5章で定義したものと同じ以下の2つの崩壊確率を考える(飯田、1993)。

・短期崩壊確率 $Q(i)$：前回の崩壊から i 年後の斜面が $(i+1)$ 年後の1年間に崩壊する確率。

・長期崩壊確率 $P(i)$：前回の崩壊から i 年目に崩壊する確率。

$P(i)$ は、前回の崩壊から $(i-1)$ 年間は崩壊せずに i 年目に崩壊する積事象の確率となるため、$Q(i)$ を用いて以下のように表せる。

$$P(i) = \{1-Q(1)\}\{1-Q(2)\}\cdots\cdots\{1-Q(i-1)\}Q(i) \qquad (6\text{-}1)$$

また、崩壊再現期間（周期）T_{av} は崩壊期間 i 年の期待値として次式で示される。

$$T_{av} = \Sigma\{P(i)i\} \qquad (6\text{-}2)$$

すなわち、崩壊確率の基本は Q であり、P と T_{av} はそれを用いて容易に計算できる。一方、4.3(2)節で示した無限長斜面の安定解析によれば、崩壊の発生に関して、土層深に応じた飽和側方浸透流の臨界水深が存在するので、$Q(i)$ は前回の崩壊から i 年後の斜面の土層深に対応した臨界水深の超過確率とみなすことができる。この Q を求めるための前提条件と計算手順を以下に示す。

◇前提条件と短期崩壊確率 Q の計算手順

計算の前提条件は、以下のとおりである。

−土層の成長は時間の関数として定式化できる。

−表層崩壊は以下のように、無限長斜面安定解析の土層深と飽和側方浸透流の水深により支配される。

・免疫性を想定し、土層深が免疫土層深 D_{im} 以下の場合は、いかなる降雨でも崩壊しない。

・土層深が D_{im} 以上の場合は、水深が臨界水深 H_{cr} 以上となったときに崩壊する。

−飽和側方浸透流の水深の発生確率は、確率降雨強度式と簡易浸透流解析を組み合わせて求められる。

以上の条件のもとでの短期崩壊確率 Q の計算手順を以下に示す。

① i 年後の土層深 $D(=L/\cos\beta$、L：土層厚、β：傾斜) を求める。

② D に対する飽和側方浸透流の臨界水深 H_{cr} を求める。

③ H_{cr} に対する飽和側方浸透流の超過確率を求め、$Q(i)$ とする。

6.2 浜田試験地における崩壊確率モデルの作成

4.4節の島根県浜田市の試験地を対象として作成した、崩壊確率モデル(Iida、1999)の概要を以下に示す。

(1) 短期崩壊確率の計算準備

モデルの基礎となる短期崩壊確率 $Q(i)$ を計算するためには、先に述べたように、崩壊から i 年後の土層深 D、その土層深に対する飽和側方浸透流の臨界水深 H_{cr}、その臨界水深の超過確率の3つが必要である。それぞれの計算の方法と結果を以下に示す。

◇土層深 D

当地における土層の成長速度式として、基盤の風化と土壌匍行を考慮した以下の式を用いた。

$$dL/dn = V_0 \exp(-\lambda L) + V_c \tag{6-3}$$

$$V_c = K \nabla^2 h \cos \beta \tag{6-4}$$

ここで、L：土層厚($=D \cos \beta$)、n：経過年、h：標高、$\nabla^2 h$：斜面の曲率、β：斜面傾斜、V_0、λ、K：パラメータ。

式(6-3)の右辺第1項は時間の対数に比例して土層が成長する現位置風化に対応し、第2項は一定の速度で堆積する、または侵食される、土壌匍行に対応する。土壌匍行は斜面の曲率に比例するとされており(Culling、1963；Hirano、1968)、凹型斜面では堆積($V_c > 0$)、凸型斜面では侵食($V_c < 0$)となる。また、平滑斜面は堆積と侵食が釣り合い($V_c = 0$)、正味の変化がない状態となる。実際の計算にあたり、斜面の傾斜や曲率といった地形要因は 5mDEM によりメッシュごとに求めた。また、各パラメータは、簡易貫入試験の結果や文献などをもとに推定した。地形要因と土層の成長速度に関するパラメータは時間的に一定とした。V_c の値ごとの土層厚の成長曲線を**図6.1**に示す。

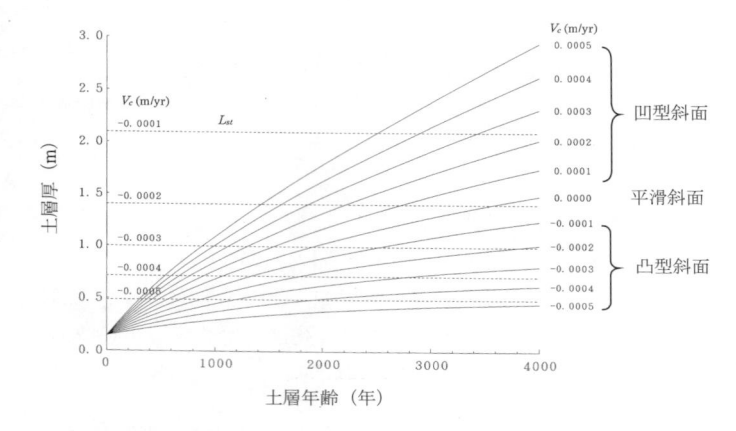

図 6.1　土壌匍行による侵食または堆積の速度ごと土層成長曲線
（L_{st} は各 V_c（<0）の値ごとの定常土層厚）

◇臨界水深 H_{cr}

当地における臨界水深は下記の式により求めた。その際、1988 年斜面災害の再現により確定した**表 4.5** の諸定数の値をそのまま用いた。

$$H_{cr} = \frac{c - \gamma_t \cos^2 \beta (\tan \beta - \tan \phi) D}{\cos^2 \beta \{(\gamma_{sat} - \gamma_t)(\tan \beta - \tan \phi) + \gamma_w \tan \phi\}} \quad \text{(再掲)}$$

ここで、D：土層厚、β：斜面傾斜、γ_t：土の不飽和（湿潤）単位体積重量、γ_{sat}：土の飽和単位体積重量、c：粘着力、ϕ：内部摩擦角である。

◇飽和側方浸透流の臨界水深の超過（発生）確率

当地における飽和側方浸透流の臨界水深の超過確率は、3.1 節の浜田測候所の確率降雨強度式（**図 3.10**）と 4.2(2) 節の簡易浸透流解析を組み合わせることで求めた。

まず、確率降雨強度式から、再現期間ごとに降雨の継続時間別平均降雨強度が分かる。**図 6.2** は再現期間 100 年の場合の例である。これらの再現期間 N 年、継続時間 t_1 の（一定強度の）降雨に対して、4.4 節

6. 土層の成長と降雨確率からみた崩壊確率モデル

で確定した**表4.4**の最適水理定数を用いてメッシュごとに順次浸透流解析を行い、最高水位 $H_{\max}(t_1, N)$ を求めた。

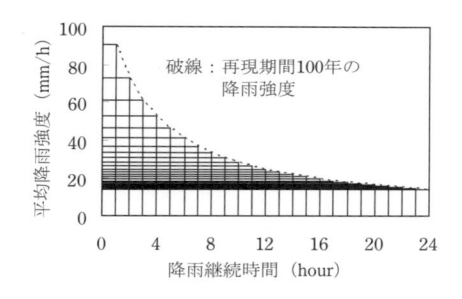

図6.2 継続時間ごとの降雨強度の例（再現期間100年の場合）

図6.3 のサンプル地点 X、Y、Z における、$H_{\max}(t_1, N)$ の計算例を**図6.4**に示す。再現期間 N 年ごとにピーク値（黒丸）$H_{\max}$ が存在する。このピーク値は、谷型斜面（Y, Z）の方が尾根型斜面（X）よりも大きく、しかもピーク値に対応する降雨継続時間 t_1 も谷型斜面（Y, Z）の方が長い（X：2時間、Y：4時間、Z：5〜6時間）。これは、谷型斜面は比集水

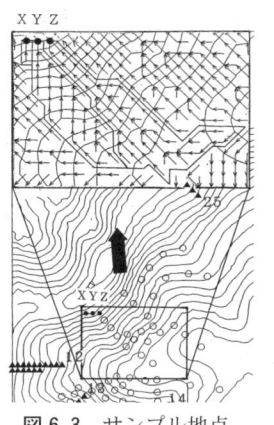

図6.3 サンプル地点

面積が広く斜面も長いために、遠方に降った降雨も含め、広い範囲の降雨が飽和側方浸透流の水位上昇に寄与するのに対し、尾根型斜面は比集水面積が狭く斜面が短いために、長時間の降雨の大部分は斜面外へ流出して、短時間に降った狭い範囲の降雨のみが水位上昇に寄与するためである。

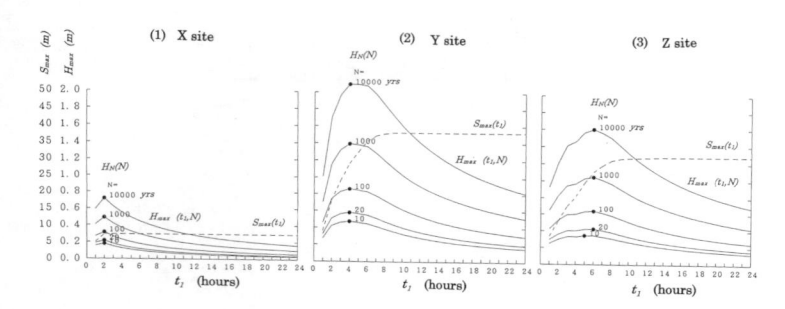

図 6.4 サンプル地点における再現期間ごとの降雨継続時間 t1 と最高水位の関係の例（黒丸のピーク値は図 6.5 の H_{max} に対応する）

いずれにしても、それぞれのピーク値 H_{max} は再現期間ごとの年最大水深とみなせるので、それらを対数正規確率紙にプロットしたところ、**図 6.5** に示すように、ほぼ直線に並ぶことが判明した。したがって、飽和側方浸透流の発生確率は雨量の発生確率と同様に、以下の対数正規分布式で示される。

$$F(\xi) = \frac{1}{\sqrt{\pi}} \int_{-\infty}^{\xi/\sqrt{2}} \exp(-\xi^2) d\xi = \{1 + \mathrm{erf}(\xi/\sqrt{2})\}/2 \quad (6\text{-}5)$$

$$\xi = A + B \log(H_{max})$$

パラメータ A、B の値は、**図 6.5** の y 切片と勾配に対応する。同様の方法により、傾斜が 20 度以上のすべてのメッシュについて A、B の値を求めた。これにより、任意の再現期間の水深が容易に計算できる。逆に、任意の水深に対する再現期間も計算できる。なお、A と B の 2

つのパラメータを比較したところ、B(勾配)の値の変動と比較して、A(y切片)の値の変動の幅が大きく、この値が飽和側方浸透流の発生確率を特徴づけていることが分かった。図6.6にAの分布図を示す。当然、Aは飽和側方浸透流の水位が上昇しやすい谷型斜面で小さく、その逆の尾根型斜面で大きい。

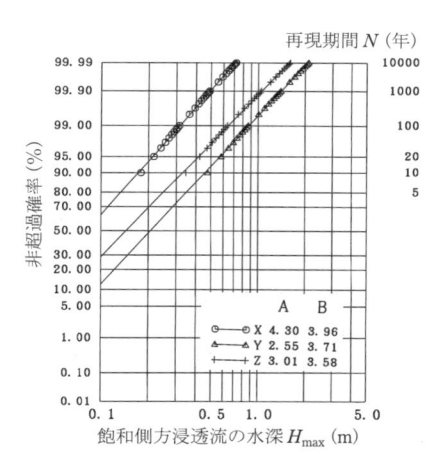

図6.5 飽和側方浸透流の水深の超過確率の例

図6.6 飽和側方浸透流の水深の超過確率パラメータAの分布図
（谷型斜面など、Aの値が小さな斜面ほど水位が上昇しやすい）

(2) 崩壊確率と崩壊再現期間

以上の土層の成長モデルと飽和側方浸透流の発生確率をもとに、短期崩壊確率Q、長期崩壊確率P、崩壊再現期間(崩壊周期)T_{av}を、対象とした傾斜20度以上のメッシュごとに計算した。サンプル地点X、Y、ZにおけるPとT_{av}の計算例を図6.7に示す。T_{av}は、谷型斜面のY、Z地点で約500年であるのに対して、尾根型斜面のX地点では約1000年と2倍の値となっている。

T_{av} の分布図を**図 6.8** に示す。この値が小さいほど、頻繁に崩壊を繰り返しており、相対的に崩壊しやすい斜面とみなすことができる。そこで、崩壊周期 T_{av} と 1988 年の実際の斜面崩壊との関係を検討した。

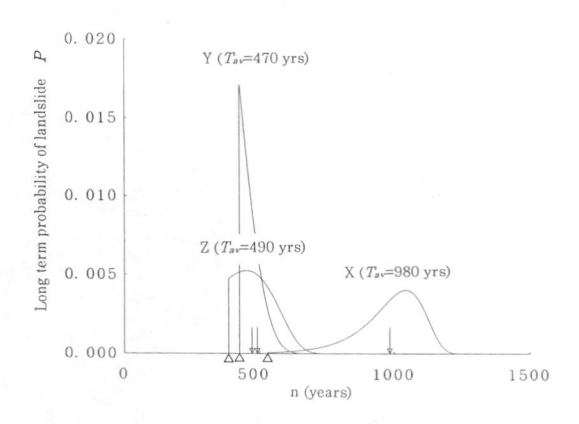

図 6.7 長期崩壊確率 P と崩壊再現期間 T_{av} の計算例

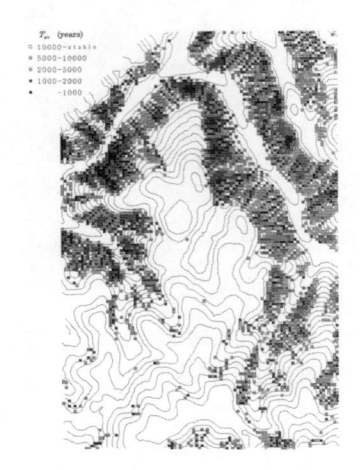

図 6.8 崩壊再現期間分布図

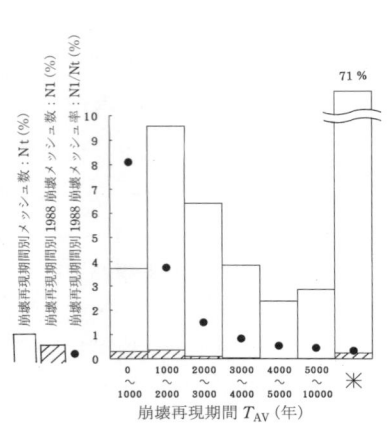

図 6.9 崩壊再現期間のランク別メッシュ頻度と 1988 崩壊メッシュ頻度の比率(●)

図 6.9 は、T_{av} のランクごとにメッシュ数 (N_t) と、1988 年の崩壊メッシュ数 (N_l) を求めて、それぞれの崩壊比率 (N_l/N_t) を示した図である。1988 年災害はこれまで発生してきた多数の土砂災害のひとつにすぎないが、そのときの崩壊率と崩壊再現期間の間には明確な負の相関がある。したがって、崩壊再現期間 T_{av} が崩壊しやすさ (ハザードマップ) の指標として妥当であると推定される。

6.3 崩壊履歴シミュレーション—崩壊確率モデルの応用—

免疫性が存在する場合は、降雨と崩壊の関係に対して崩壊履歴が大きく影響する。これは、崩壊の限界雨量が個々の斜面ごとに異なるだけでなく、同じ斜面でもその時々の土層深によって異なるので、同じ降雨に対する崩壊可能な斜面数が崩壊履歴により変化するためである。このような場合の降雨と崩壊の関係を検討するために、浜田試験地の崩壊確率モデルを用いて 1 万年分の崩壊履歴に関するシミュレーションを実施した (飯田、2000)。

◇モンテカルロ・シミュレーションの方法

まず、0.0〜1.0 間の一様乱数 (実数) x を毎年 1 つずつ発生させ、この x を年最大雨量の非超過確率とみなす。一様乱数の定義により、0.0〜1.0 間の乱数の発生確率は一様であり、x を超える超過確率は x〜1.0 の距離 (1−x) で示される。また、その逆数 $T = 1/(1-x)$ は降雨の再現期間となる。例えば、x=0.9 は、$T = 1/(1-0.9) = 10$ より再現期間 10 年の降雨に対応する。同様に x=0.99 は再現期間 100 年の降雨に対応する。さらに、前節で示した確率モデルにおいて、毎年の降雨の再現期間と同じ再現期間の水深が DEM のメッシュごとに発生すると仮定する。

ここでは、本モデルの適用範囲を傾斜 20°以上のメッシュ (全メッシュの 70%) とし、1 年に 1 個の乱数を毎年発生させて、崩壊発生の有無を調べた。具体的な計算手順を以下に示す。

◇シミュレーションの手順

以下に、シミュレーションのフローチャートと手順を示す。

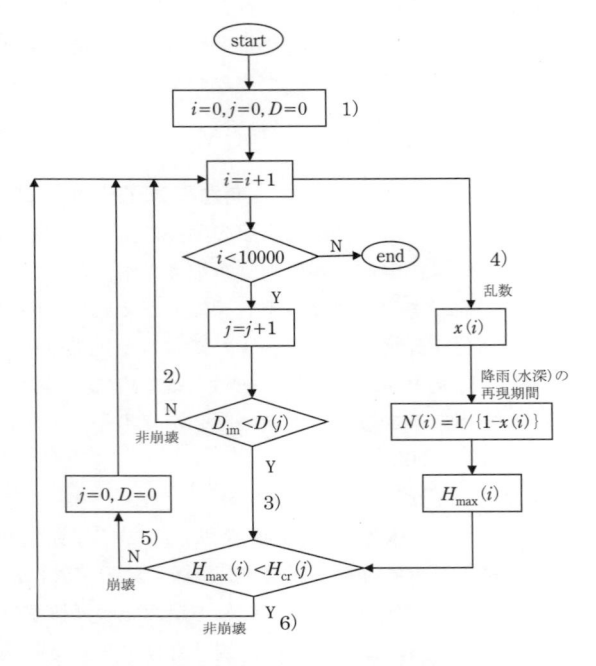

図 6.10 崩壊シミュレーションの手順

(図中の数字は、本文中のシミュレーションの手順の番号に対応する)
i：通しの経過年数、j：前回の崩壊からの経過年数、D：土層深、D_{im}：免疫土層深、H_{cr}：臨界水深、x：0〜1の一様乱数、H_{max}：再現期間 N 年（$=1/\{1-\mathrm{x}(i)\}$）の年最大水深

1) 土層深の初期値を 0 とし、土層の成長モデルに従ってメッシュごとに毎年成長する土層深 D を求める。
2) 土層深 D が免疫土層深 D_{im} 以下の間は、地下水面が地表面を越えて上昇することができないために（その場合は、飽和地表流として斜面を流下する）、完全な免疫期間としていかなる降雨に対して

も崩壊しないとする。
3) 土層深 D が免疫土層深 D_{im} 以上になったら、崩壊の臨界水深 H_{cr} を計算する。
4) 1)〜3)と並行して、毎年 1 個の乱数 x を発生させて再現期間 T $=1/(1-x)$ を求め、それに対応した年最大地下水深 H_{max} をメッシュごとに計算する。なお、シミュレーション期間中の表層崩壊による地形(傾斜・集水性)変化はわずかであり、メッシュごとの地下水深の確率分布は時間的に一定とする。
5) 3)と 4)の結果を比較して、$H_{max} \geq H_{cr}$ の場合は崩壊が発生したと判定し、その条件を満たすメッシュ数をその年の崩壊メッシュ数とする。そして、崩壊メッシュの土層深をゼロに戻す。
6) 3)と 4)の結果を比較して、$H_{max} < H_{cr}$ の場合は崩壊が発生しなかったと判定し、そのまま前年に引き続いて土層の成長モデルにより翌年の土層深を求める。

なお、各メッシュごとの崩壊期間(間隔)の頻度分布は、それぞれのメッシュにおける長期崩壊確率 P(i)の分布にほぼ等しい。

(1) 過去 1 万年の崩壊履歴シミュレーション

過去 1 万年の完新世を想定して、1)〜6)の手順を 1 万回繰り返して崩壊履歴をシミュレートし、それぞれの課題について検討を行った。
◇試験流域全体の崩壊履歴

図 6.11 は、全流域の崩壊(メッシュ)数の経年変化である。全メッシュとも土層深の初期値を 0 としているため、最初の数百年ほどは、ほとんどのメッシュで土層深が免疫土層深以下となり、崩壊数が少ない。その後徐々に崩壊数が増加し、4351 年目に再現期間 4907 年という大雨が発生した。

そのときの崩壊分布を図 6.12 に示す。崩壊面積(メッシュ)率は 16.6％であった。この大雨を除くと、1 回の降雨による崩壊面積率はせいぜい 9％程度である。実際には隣接斜面の崩壊の影響による副次的崩壊が発生するケースもあると考えられるが、竹下(1985)が指摘する、

1回の集中降雨による崩壊面積率の上限(せいぜい5%)には、このような免疫性の影響が関係しているものと推定される。

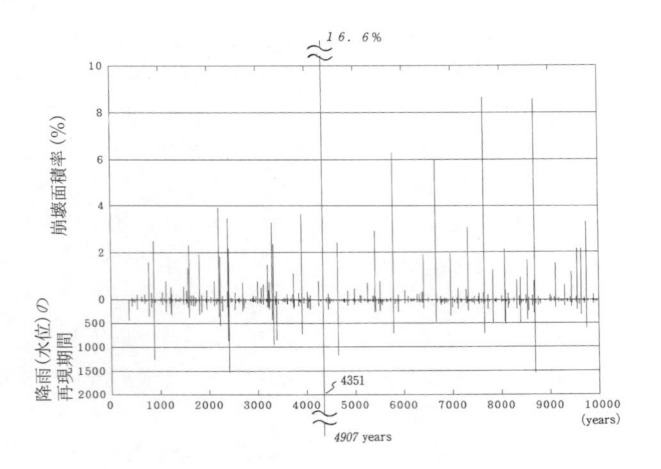

図 6.11 シミュレーションによる降雨の再現期間と崩壊面積率(メッシュ数)の経年変化図

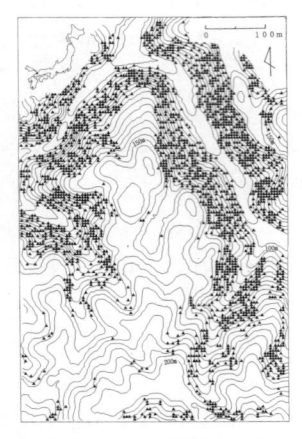

図 6.12 シミュレーションによる大降雨発生時(4351年目)の崩壊分布図

◇24時間換算雨量と崩壊面積率の関係

本シミュレーションでは、毎年の降雨の再現期間を乱数で与え、それに対応する飽和側方浸透流の水深をメッシュごとに求めて、臨界水深との大小関係からその年の崩壊面積率を見積もっている。また、図6.4に例示したように、各再現期間の最高水位に対応する降雨の継続時間は斜面(メッシュ)ごとに異なる。したがって、本シミュレーションの結果を、ひと雨ごとの降雨量に対応させることは困難であるが、ここでは、図3.10の各再現期間に対応した24時間雨量を24時間換算雨量(以下、換算雨量とする)と定義し、再現期間の代わりにこれを用いて崩壊面積率との関係を検討する。

図6.13は、土層深の初期条件の影響がほとんどなくなる2000年目以降のデータについて、換算雨量と崩壊面積率の関係をみたものである。当然のことながら、全体として換算雨量の増加とともに崩壊面積率が増加するが、同じ換算雨量でも崩壊面積率が崩壊履歴により大きく影響されていることが分かる。例えば、500〜600mmの降雨に対する崩壊面積率は、崩壊履歴に応じて0〜9%の範囲で様々な値をとる。

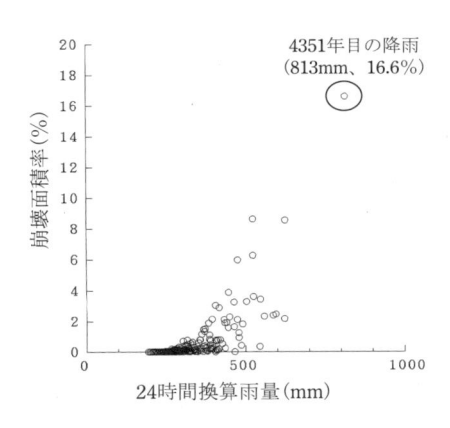

図 6.13　24時間換算雨量と崩壊面積率の関係

◇崩壊ポテンシャル（限界 24 時間換算雨量）分布

図 6.11 に示したように、毎年の崩壊面積率は、それまでの崩壊履歴の影響を受けて変動する土層深分布と、その年の降雨（水深）の再現期間により、大きく変化する。一方、その年のシミュレーションの再現期間とは別に、各年の土層深分布に対して、それぞれのメッシュを崩壊させるのに必要な臨界水深の再現期間とそれに対応した限界 24 時間換算雨量（以下、限界換算雨量とする）が定義できる。

図 6.14 は、本シミュレーションで崩壊面積率が最大となった 4351 年目の大崩壊直前の限界換算雨量別の斜面面積率とその積算面積率を例として示したものである。先に述べたように、この年には再現期間 4907 年（換算雨量 813mm）という極めて稀な大雨が発生し、そのときの崩壊面積率は 16.6％であった（図 6.13）。これは、破線の矢印で示すように、積算面積率から求められる。この限界換算雨量別の斜面面積率の分布は、その年の崩壊ポテンシャル分布と言える。

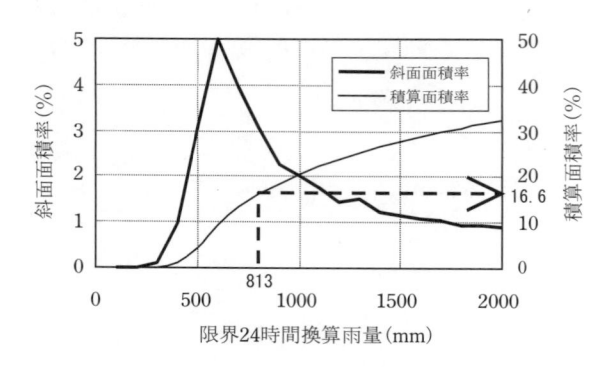

図 6.14 4351 年目（大崩壊直前）の限界換算雨量別の斜面面積率
（この年の再現期間（4907 年）に対応する崩壊面積率は、矢印のように 16.6％となる。ここで、その再現期間に対応する換算雨量は図 3.10 より 813mm）

◇崩壊ポテンシャル分布の経年変化と流域単位でみた免疫性

そこで、土層深の初期条件の影響がなくなる 2000 年目以降について、**図 6.14** と同様に、限界換算雨量別の斜面面積率の頻度分布（以下、崩壊ポテンシャル分布とする）を 100 年ごとに示したものが**図 6.15** である。全体的には対数正規分布的な形を呈し、限界換算雨量が 400～800mm 程度のところにピーク値をもつ。

実際の土砂災害でも、崩壊数と雨量の関係が比例的ではなく、ある一定以上の雨量で急激に崩壊が増加する現象がよくみられるが、これらのピーク値に対応している可能性がある。また、限界換算雨量が 800mm 以下の斜面が相対的に崩れやすいために、その頻度が経年的に大きく変動するが、それ以上の降雨に対応する斜面の頻度はそれほど大きくは変化していない。

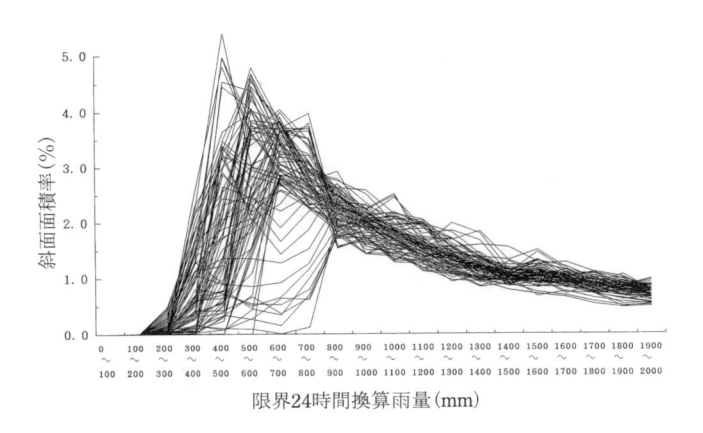

図 6.15 崩壊ポテンシャル分布図（100 年ごと）

図 6.15 から、極めて稀な大雨が発生した 4351 年を含む 4100 年～4500 年の 100 年ごとの崩壊ポテンシャル分布を抜き出して**図 6.16** に示す。

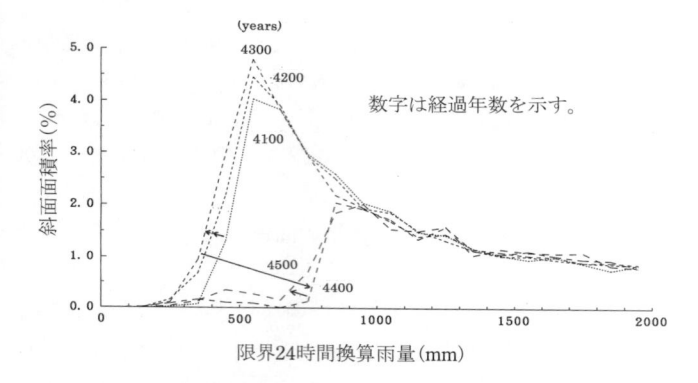

図 6.16 崩壊ポテンシャル分布図（図 6.15 から抜粋）

4300 年に存在していた、限界換算雨量が相対的に小さい 800mm 以下のメッシュ、すなわち相対的に崩れやすい斜面が、4351 年の大災害により 4400 年には大幅に減少していることが分かる。一方、このような極めて稀な大雨が発生しない期間、すなわち 4100 年〜4300 年の期間や 4400 年〜4500 年の期間は、時間の経過とともに崩れやすい斜面が徐々に増加してゆく。

(2) 降雨に対する崩壊の慣れに関するシミュレーション

ここでは、崩壊の慣れの問題に関連して、降雨確率すなわち気候の違いが、崩壊履歴に対してどのように影響するのかを調べるため、降雨の発生確率のみを変えて、前項と同様に 1 万年分のシミュレーションを行った。

すなわち、同じ発生確率の飽和側方浸透流の水深が、現状の場合を基準(1 倍)として、その 0.5 倍(非多雨地域に対応)、2 倍(多雨地域に対応)、∞倍(極端な多雨地域に対応)となるようなそれぞれのケースに対して(1)と同様のシミュレーションを実施した。ただし、強度定数・水理定数・土層の成長に関わる定数など他のパラメータはすべて現状

の場合と同じ値とした。

結果は以下のとおりである。

◇降雨確率の違いによる崩壊履歴の違い

それぞれのケースの崩壊履歴を図 6.17 に示す。全体的には降雨確率(倍率 k)の増加とともに崩壊面積率も増加するが、個々の雨量に対する崩壊面積率の増加傾向はそれほど顕著にはみられない。逆に 8694 年の大災害時のように、現状の 2 倍の降雨確率分布(k=2)での崩壊面積率(7.8%)が現状の降雨確率分布(k=1)での値(8.6%)よりも小さい場合もある。

また、極端に降雨確率が大きくなる(k=∞)と、土層深が免疫土層深まで成長したとたんに崩壊することになる。この場合は、結果的に崩壊発生が雨量に無関係となり、毎年少しずつ崩壊が発生するため、降雨時の集中的な崩壊面積率は逆に減少することになる。大台ケ原や屋久島といった世界的な多雨地域では、これまで集中豪雨による大規模な斜面災害は報告されていないが、このケースに近いと推定される。

ただし、3.4 節に示したように、このような多雨地域のひとつである尾鷲でも 2 日間の総雨量が 1000mm を超えるような大雨(再現期間 300 年弱)の際には斜面崩壊や土石流が発生しているので、「降雨に対する斜面崩壊の慣れ」を過信することはできない。

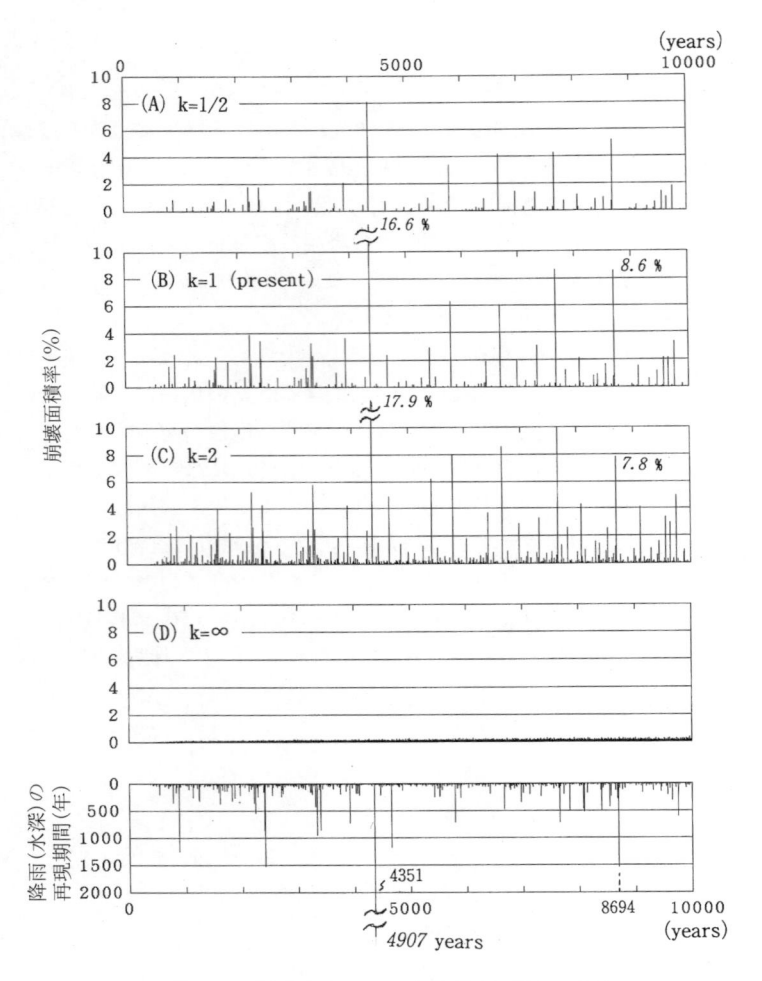

図 6.17 降雨確率による降雨の再現期間と崩壊
面積率(メッシュ数)の経年変化比較図

同じ再現期間での雨量および水位が、(A)：現状の 1/2 倍、(B)：現状と同じ(**図 6.11**)、(C)：現状の 2 倍、(D)：現状の∞倍(常時大雨)

◇降雨確率の違いによる換算雨量と崩壊面積率の関係の違い

図 6.18 は、降雨確率(k)ごとに換算雨量と崩壊面積率の関係を比較したものである。換算雨量の増加に対する崩壊面積率の増加率(近似直線の勾配)や同じ換算雨量に対する崩壊面積率は、降雨確率が小さいほど大きくなっている。

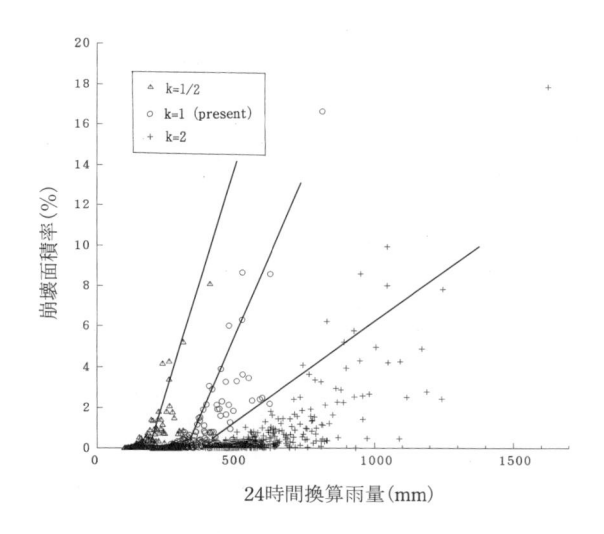

図 6.18 降雨確率(k)ごとの 24 時間換算雨量と崩壊面積率の関係
(3 ケースの降雨確率の比較図)

第 1 章の図 1.10 に、他地域における災害発生時の最大日雨量と崩壊面積率の関係(難波・秋谷、1970)を示したが、これは多雨地域では非多雨地域と比較して崩壊が発生し始める雨量が大きく、また、同じ雨量に対する崩壊面積率は逆に非多雨地域の方が多雨地域よりも大きい、という降雨に対する崩壊の慣れを示したものである。

同様の傾向は図 6.18 にも明白にみられる。本モデルでは、降雨(水深)の確率分布(k)が増加する(多雨地域)と、免疫土層深を超えるとすぐに崩壊する確率が高くなるため、結果的に免疫土層深以上の土層を

持つ崩壊しやすい斜面の割合が少なくなる。すなわち、多雨地域と非多雨地域における崩壊の慣れの違いが、少なくとも定性的には免疫性を考慮した本モデルにより再現できたものと考える。このことから、崩壊の慣れは土層深を媒介とした免疫性により説明がつく。

参考・引用文献
1) Culling, W.E.H (1963) : Soil creep and the development of hillside slopes. J.Geol., 71, pp.127～161
2) Hirano, M. (1968) : A mathematical model of slope development: an approach to the analytical theory of erosional topography. J. Geo-Sciences Osaka City Univ., 11, pp.13～52
3) 飯田智之 (1993) : 表層崩壊の免疫性と崩壊確率モデル、地形、14、pp.17～31
4) Iida, T. (1999) : Stochastic hydro-geomorphological model for shallow landsliding due to rainstorm. Catena, 34, pp.293～313
5) 飯田智之 (2000) : 降雨確率と表層崩壊確率に関するシミュレーションによる検討(1)―土層深による免疫性を考慮した降雨量と表層崩壊の関係―、地形、21、pp.1～16
6) 難波宣士・秋谷孝一 (1970) : 「治山調査法」 (林野庁監修) : 千代田出版
7) 竹下敬司 (1985) : 森林山地での土層の生成を考慮した急斜面の生成過程に関する考察、地形、6、pp.317～332

7. 深層崩壊（大規模崩壊）

　最近、「深層崩壊」の発生が目立つようになった。深層崩壊については、これまで個別に優れた研究がなされてはいたものの、表層崩壊と比較して、情報を得ることが困難な地下深部の現象であり、しかも稀にしか発生しないことから、その予測はほとんど不可能に近いという認識が一般的であった。しかし、この10年ほどの間に九州・四国・紀伊半島や台湾の小林村などで記録的な大雨による深層崩壊が頻発し、詳細な調査や研究がなされたことから、多くの情報が得られるようになった。さらに、従来の仮説を検証する機会も増え、予測に向けた新たな技術も確立されつつある。

　ここでは、まず2011年に紀伊半島の山地で多発した深層崩壊の事例を紹介する。そして、その事例も含まれる西南日本南部の深層崩壊多発域には、深層崩壊の発生要因がそろっていることを明らかにする。さらに、降雨による深層崩壊のメカニズムと場所および時間の発生予測研究の現状を紹介する。

7.1　深層崩壊の事例
―平成23年台風12号による奈良県南部の深層崩壊―

　2011年の8月末から9月初めにかけて、紀伊半島の山岳地域において、大雨による深層崩壊が多数発生し甚大な被害をもたらした。ここでは奈良県吉野郡天川村坪内地区で3カ所集中的に発生した深層崩壊について、地盤工学会ほかによる調査報告書（2011）および鏡原ほか（2012）をもとに紹介する。さらに、和歌山県新宮市で発生した表層崩壊についても触れ、雨の降り方と崩壊規模の関係について比較検討する。

(1)　地形・地質と崩壊発生状況
　図7.1(A)、(B)に3カ所の崩壊（以下、①アシノセ谷、②坪内谷、

③冷や水の崩壊と呼ぶ)の写真を示す。アシノセ谷と冷や水の崩壊部は大きく蛇行した川の攻撃斜面にあたるので、崩壊の発生には河川による斜面基部の洗掘の影響があった可能性もある。崩壊の幅は130〜240m、長さは240〜350mである。最大深さは10〜数十mと推定される。いずれも崩壊面の上部には基盤が露出しており、中腹部から下部にかけては倒木を載せたままの崩壊土砂に厚く覆われている。基盤岩の地質は付加体として知られる四万十帯の砂岩を伴う泥質混在岩(砂岩・泥岩の互層)で、概ね流れ盤である。

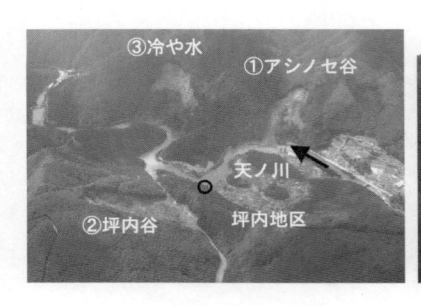

図 7.1 (左)坪内地区で発生した3つの深層崩壊(天川村HPより。〇:(右)の撮影位置)、(右)坪内谷崩壊の正面写真

(2) 降雨の特徴と崩壊との関係

◇限界総雨量

図7.2(A)は、崩壊箇所から7km程度離れた天川アメダス観測地点における雨量の経時変化図である。8/31から降り始めた雨は9/4の朝までほとんど止むことなく降り続け、5日間の総雨量は1000mmを超えている。しかし、降雨強度(時間雨量)はせいぜい20〜40mm/時程度とそれほど強くなく、集中豪雨とは呼びにくい大雨であった。

図に記入した崩壊発生時(住民の証言による)の積算雨量をみると、①では900mm、②と③では1000mmである。一方、降雨強度をみると、①では20mm/時、②では一連の降雨終了直後、③にいたっては、降雨終了後6時間も経過した無降雨時に崩壊が発生している。これらのこ

とから、深層崩壊の発生には、短時間の降雨強度よりも数日間の総雨量が効果的であることや、上記の900mm、1000mmに近い値がそれぞれの崩壊の限界総雨量であることが分かる。

(A) 天川

天川村坪内地区深層崩壊
①アシノセ谷
②坪内谷
③冷や水

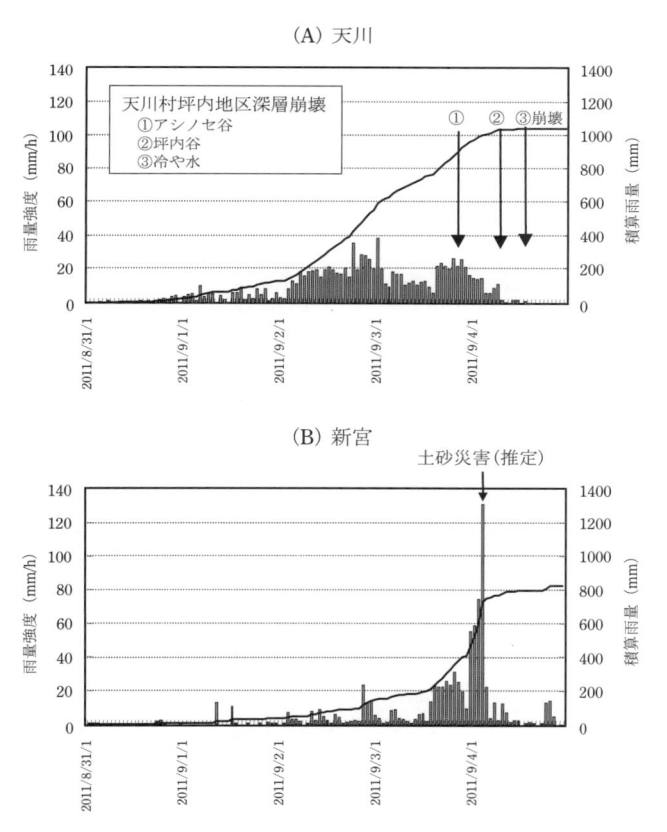

(B) 新宮

土砂災害(推定)

図7.2 天川村坪内地区(A)と新宮市(B)における雨量と崩壊の関係

図7.2(B)は、比較のために、深層崩壊は発生していないが表層崩壊や土石流による土砂災害が発生した和歌山県新宮市における雨量の経時変化を示したものである。(A)の天川と比較すると、積算雨量は2

割程度少ないが、対照的に最大降雨強度は130mm/時と3倍以上であった。土砂災害は最大降雨強度を記録したその直後に発生したものと推定される。

◇崩壊規模と降雨の関係

—大雨による深層崩壊と集中豪雨による表層崩壊—

今回の大雨では、奈良県側だけでも22カ所の大規模な深層崩壊が発生したが、小規模な表層崩壊の発生数は、道路からみる限り非常に少なかった。ヘリコプターにより空から観察を行った千木良ほか（2012）によっても、同じことが指摘されている。その理由のひとつとして、今回の降雨の特徴、すなわち総雨量としては記録的な大雨だったが、降雨強度はそれほど強くなかったことが挙げられる。

奈良県南部における他のアメダス観測地点の雨の降り方も概ね天川と同様であったが、40～50mm/時程度の降雨強度では、降雨のほとんどは地下深部へと浸透して、それが深層崩壊を引き起こしたものと考えられる。そのため、表層崩壊の引き金となる飽和側方浸透流はほとんど発生しなかったと推定される。一方、和歌山県沿岸部の新宮市では、130mm/時もの集中豪雨に見舞われて多数の表層崩壊や土石流が発生している。ところが、その地域では深層崩壊は発生していない。降雨と崩壊の関係に着目すると、深層崩壊は総雨量によって、表層崩壊は最大降雨強度によって、それぞれ発生が規制されているようにみえる。同様の指摘はこれまでにも各地でなされている。

図7.3は、奈良県天川村と和歌山県新宮市の両地域における雨の降り方と崩壊の関係を示したものである。総雨量と最大降雨強度の関係で決まる表層崩壊と深層崩壊の発生限界線がクロスしている。そして、天川村では総雨量が深層崩壊発生限界線よりも大きいために深層崩壊が発生したが、最大降雨強度は表層崩壊発生限界線よりも小さかったために表層崩壊は発生しなかった。一方、新宮市では雨の降り方と崩壊発生限界線の関係が天川村とは逆だったために、表層崩壊は発生したが、深層崩壊は発生しなかったものと推定される。

7. 深層崩壊（大規模崩壊）　215

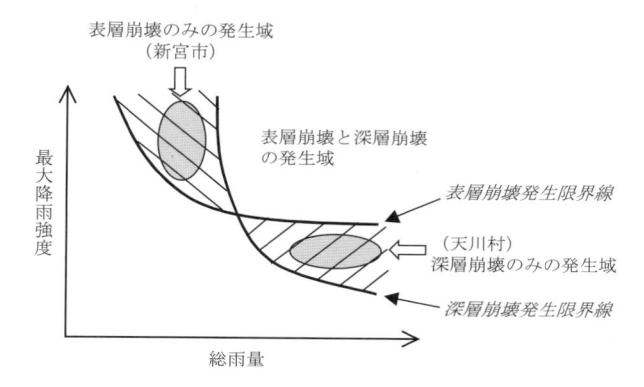

図 7.3　総雨量・最大降雨強度と深層崩壊・表層崩壊の関係
（説明の簡略化のため、天川村と新宮市における深層崩壊と表層崩壊の発生限界線を同じにしている）

　天川村と新宮市における崩壊の違いに関しては、以上の降雨以外に地形・地質の影響も考えられる。すなわち、天川村はもともと深層崩壊が発生しやすい大起伏・付加体であるのに対して、新宮は相対的に深層崩壊が発生しにくい小起伏・花崗斑岩（逆に、表層崩壊は発生しやすい）であったことである。誘因（降雨）と素因（地形・地質）のいずれについても、天川村の方が新宮市よりも深層崩壊が発生しやすかったことになるが、どちらがより効果的だったかについては、更なる検討が必要である。

◇降雨の再現期間

　台風12号による大雨の再現期間をみるために、雨量の統計データがそろっている上北山アメダス観測地点（天川の南東方向20km弱の位置にあり、5日間の総雨量は1800mmととりわけ記録的だった）における確率降雨強度曲線図に今回の継続時間別最大降雨強度（3.4節参照）をプロットしたものを**図 7.4**に示す。ここで、確率降雨強度曲線は（独）土木研究所（水災害研究グループ）のHPで公開されている「アメダス

確率降雨計算プログラム」の値を図化したものである。

　台風12号の最大1時間雨量の再現期間は2年程度であるが、継続時間の増加とともに再現期間も増加しており、48～72時間(2～3日)の再現期間は150～200年と推定された。天川でも、継続時間ごとの降雨の再現期間は同様であったものと推定される。今回の降雨の特徴として、1～数時間の短時間雨量はそれほどでもないが、2～3日といった長時間の総雨量としては稀な降雨だったことが挙げられる。

　ただし、稀とはいえ、上記の再現期間200年が概ね正しいとすると、(これまで斜面が安定していたと考えられる)少なくとも数千年という長い期間の間には、今回と同じ規模の大雨が少なくとも1回は襲来したと推定される。例えば再現期間200年の大雨が千年の間に1回も発生しない積事象の確率は$(1-1/200)^{1000} = 0.7\%$と極めて小さく、そのようなことは想定しにくいからである。実際には何度も同様の降雨が発生したものと推定される。したがって、これまで(少なくとも数千年間)安定していた斜面が崩壊した理由を大雨だけで説明することは困難であり、恐らくは過去数百年の間に、岩盤クリープの進行など、素因に何らかの変化があったものと推定される。

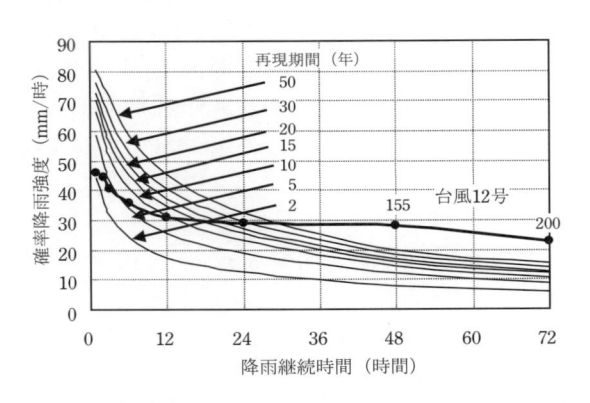

図 7.4 上北山の確率降雨強度曲線と台風12号の継続時間別最大降雨強度
　　　　(確率降雨強度曲線は土木研究所の公開資料による)

7.2 深層崩壊の特徴と発生要因
(1) 深層崩壊と表層崩壊

「深層崩壊」は従来、「大規模崩壊」や「崩壊性地すべり」などと呼ばれていた。いずれも厳密な定義はないが、行政やマスコミの影響もあって、「表層崩壊」(浅層崩壊とは言わない)の対語として最近「深層崩壊」が定着しつつある。ただし、「深層崩壊」を「地すべり」に含める考え方や、国際化に合わせて、このような土砂移動現象をまとめて「Landslide」(ランドスライド)とすべきとの立場もあって、用語については異なった考え方があり、統一されていないのが現状である(斜面変動現象全体の分類や用語については、藤田(2002)などに詳しい)。ちなみに、小出博により命名された有名な「破砕帯地すべり」は、狭義の地すべりではなく、「深層崩壊」の一種である。

図 7.5 に、表層崩壊と深層崩壊の比較概念図を示す。表層崩壊の崩壊予備物質が表土層だけであるのに対して、深層崩壊のそれは基盤岩を主体としており、崩壊規模(長さ・幅・深さ)は表層崩壊よりもはるかに大きい。深層崩壊では、この図や図 7.1 のように、大量の崩土が斜面の下部や中腹部に残されて次回の崩壊予備物質や狭義の地すべり土塊となることが多い。

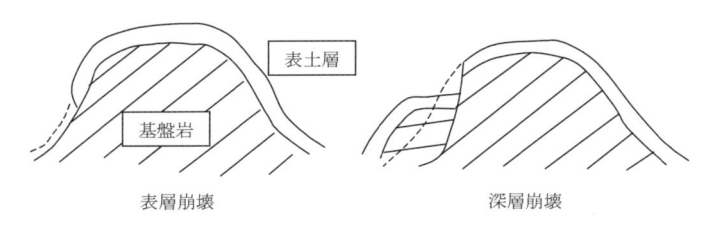

図 7.5 表層崩壊と深層崩壊の比較概念図
(比較のために、表層崩壊と深層崩壊の地盤構造を同じにしている)

表 7.1 に、降雨による表層崩壊と深層崩壊の概略の比較表を示す。中間的な規模の崩壊もあるので、両者を明確に区別することは難しい

が、この表は既存の研究結果をもとにそれぞれの典型的なものを想定して作成したものである。なお、長崎県眉山の崩壊(1792年)、福島県磐梯山の崩壊(1888年)、あるいは米国のセントヘレンズ山の崩壊(1980年)など、体積が$10^8 \sim 10^9$(1億～10億)m³以上の大規模崩壊は「巨大崩壊」や「山体崩壊」と呼ばれることもある。これらは火山の噴火が関係した特殊な崩壊と思われる。

表7.1　降雨による表層崩壊と深層崩壊の比較表

	表層崩壊	深層崩壊
体積のオーダー (長さ/幅/深さのオーダー)	$\sim 10^3$ m³ ($10^1/10^1/10^{-1} \sim 10^0$ m)	$10^6 \sim$ m³ ($10^2/10^2/10^1$ m)
主な崩壊予備物質	表土層	基盤
発生しやすい地質	花崗岩類・第三紀層・シラス	付加体
発生しやすい降雨	集中豪雨(降雨強度大)	大雨(総降雨量大)
直接の誘因	飽和側方浸透流	深層地下水(山体地下水)
崩壊周期	数百年～数千年	(数千年以上?)
前兆現象	なし	岩盤クリープによる地形変状

(2)　西南日本南部(外帯)で深層崩壊が発生しやすい理由

　国土交通省により作成された図7.6の深層崩壊の推定頻度マップにより、九州～四国～紀伊半島と帯状に延びる西南日本の南部(太平洋側)で深層崩壊が発生しやすいことは明らかである。この地域は地質的には中央構造線の南側に位置しており、北側の内帯に対して外帯と呼ばれている。この地域では、実際に奈良県十津川災害(1889年)、和歌山県有田川災害(1953年)、宮崎県鰐塚山災害(2005年)、高知県・奈良県・和歌山県の災害(2011年)など、いずれも大雨により多数の深層崩壊が発生している。

図 7.6 全国深層崩壊分布図（国土交通省、HP より）（元図はカラー）

　以下、この地域で深層崩壊が発生しやすい理由について、特定研究集会の論文集（研究代表者；千木良、2012）等に基づく最新の知見を紹介する。これらの知見の多くは、他地域における深層崩壊にも共通するものと思われる。

　図 7.7 に、西南日本南部地域における深層崩壊の各要因の関係をまとめて示す。まず、この地域に共通の一次素因として、プレートテクトニクスに起因した①大起伏山地と②付加体が挙げられる。そして重力の作用によって③岩盤クリープとそれに伴う地盤の破壊や地形の変状が進み、深層崩壊の準備が進行する。これらは深層崩壊の二次素因となる。そこへ④巨大地震や⑤大雨といった直接誘因が作用することで深層崩壊が発生する。これらの直接誘因は、長期間繰り返し作用することによって③岩盤クリープを促進するので、深層崩壊の間接誘因でもある。

　以下、それぞれの要因について説明する。

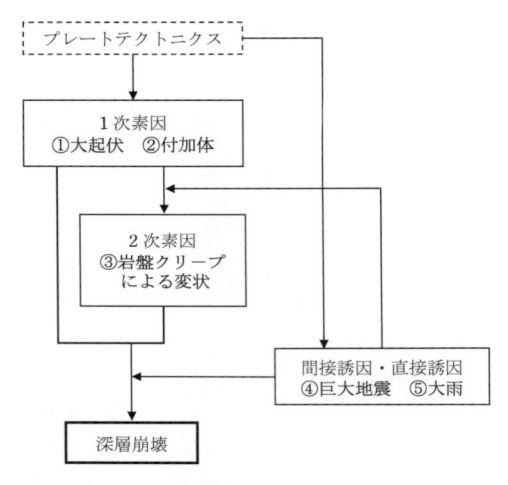

```
┌ ─ ─ ─ ─ ─ ─ ─ ─ ─ ─ ─ ─ ┐
   プレートテクトニクス      ──┐
└ ─ ─ ─ ─ ─ ─ ─ ─ ─ ─ ─ ─ ┘   │
            ↓                  │
   ┌──────────────────┐        │
   │  1次素因          │        │
   │ ①大起伏 ②付加体  │        │
   └──────────────────┘        │
            ↓                  │
   ┌──────────────────┐        │
   │  2次素因          │        │
   │ ③岩盤クリープ     │        │
   │  による変状       │        │
   └──────────────────┘        │
            ↑                  │
            │   ┌──────────────────────┐
            │   │ 間接誘因・直接誘因    │
            └───│ ④巨大地震 ⑤大雨     │
                └──────────────────────┘
            ↓
   ┌──────────┐
   │ 深層崩壊  │
   └──────────┘
```

図 7.7 西南日本の南部(太平洋側)における深層崩壊発生の流れ図

① 大起伏

斜面長以上の長さをもつ崩壊は発生し得ないので、大規模な深層崩壊発生の必要条件として、まず、斜面長が長いこと、すなわち起伏量(尾根と谷の標高差)が大きなことが挙げられる。西南日本南部地域の多くは、標高が 1000〜2000m で起伏量も数百 m 以上の急峻な山地となっている。これらの山地の起伏量は、地質的に比較的新しい第四紀(特にこの 50 万年)の隆起量(速度)に支配されていることが知られている。内田ほか(2007)は、隆起量が大きいほど深層崩壊跡地の密度が大きいことを示した。

大起伏の形成には、地盤の隆起量と河川による谷の侵食(下刻)量がともに大きいことが必要であるが、同時に、簡単には侵食されずに大起伏を維持する基盤岩の強度も必要である(横山、2012 など)。不安定化した上部斜面を比較的安定な下部斜面が支えて、それが限界を超えたときに深層崩壊が発生するということで、井口ほか(2012)はこれを地震の断層面のアスペリテイ(引っかかり)になぞらえた。

② 付加体（四万十層群）

1970年台にプレートテクトニクス理論が確立されると、それまでの地質観が一変したと言われている。中でも付加体は重要な発見のひとつである。これは、太平洋の海洋底のプレートに乗って運ばれてきた堆積物が、プレートの沈み込みの入り口（大陸側プレートとの境界の海溝）で次々に剥ぎ取られて大陸側に付加（堆積）し、長い年月の間に固化して砂岩や泥岩などの互層となったものである。

ブルドーザーに例えられることが多いが、地盤（プレート）の方が動くので、ベルトコンベアの例えがより近い。ベルトに接するように板を置けば、運ばれてきた土砂は板に剥ぎ取られて（せき止められて）積もってゆくが、ベルトを海洋側プレート、板を大陸側プレート、その隙間を海溝、土砂を海洋底の堆積物と置き換えると理解しやすい。西南日本南部の地層は、このような付加体により形成されている。

③ 岩盤クリープによる変状

千木良(1985)や横山(1995)などによれば、地層（層理面）の傾斜と斜面の傾斜が同方向のいわゆる流れ盤構造では、長い時間をかけて岩盤クリープによる地層の変形や破壊（座屈）が進んでおり、それが深層崩壊の前兆とみなせるという。この地層の変形や破壊に伴って発生する大小の亀裂（クラック）は力学的な弱部となるだけでなく、深層崩壊の直接誘因となる深層地下水への降水（浸透水）の流入経路ともなる

西南日本南部の付加体でも同様の前兆現象が進行しており、尾根の稜線に平行な線状凹地・緩傾斜部・小段差・亀裂など深層崩壊の前兆現象とみなせる微地形が多数報告されている。また、付加体は岩盤クリープが発生しやすい一方で、全体的には硬岩であり、大起伏斜面を支える地質として深層崩壊の間接的な要因ともなっている。

④ 巨大地震

横山ほか(2006)や横山(2012)は、深層緩み岩盤や尾根の裂け目（二重山稜）の形成や拡大といった深層崩壊の前兆現象に対して、西南日本南部地域でほぼ100年おきに発生する海溝型巨大地震の影響が大きいことを指摘した。地震は崩壊の直接誘因として作用するだけでなく、

基盤の破壊や変形という形で素因を変化させる間接誘因となっている。

なお、一般的には、地震は降雨と並ぶ崩壊の直接的な誘因であるが、この地域、特に紀伊半島の深層崩壊に限定すると地震よりも降雨によるものが多いことは興味深い(平野ほか、1984；横山、2012)。マグニチュード8～9クラスの海溝型巨大地震のエネルギーは膨大だが、震源からある程度離れた位置での震度は深層崩壊を発生させるには不十分と推定される。あるいは、このような巨大地震が頻発する地域では、降雨による表層崩壊の免疫性や慣れと同様の何らかのフィードバック作用が地震による深層崩壊にも働くのかもしれない。

⑤　大雨

西南日本南部地域は、いずれも台風の進路に位置しており、しかも水蒸気の供給が豊富な太平洋の黒潮に近く、また大起伏山地という地形効果(上昇気流による地形性降雨)など多くの降雨要因が重なっているため、世界的な多雨地域となっている。そして、2005年の宮崎県鰐塚山災害、2011年の高知県や紀伊半島(奈良県と和歌山県)の災害で発生した深層崩壊は、いずれも数日間の総雨量が1000mmを超える記録的な大雨によるものであった。地震と同様に、降雨も深層崩壊の直接誘因となるだけでなく、崩壊には至らないまでも、基盤の破壊や変形という形で素因を変化させる間接誘因になると推定される。

以上述べたように、西南日本南部地域は、地形・地質・地震・降雨といった深層崩壊の発生要因がほとんどそろっており、これまで多数の深層崩壊が発生したものと推定される。ただし、これらの知見を一般化して、他地域も含めた深層崩壊の予測に役立てるには、それぞれの要因の関与の程度を定量的に明らかにすることが必要である。また、深層崩壊の過去の履歴やメカニズムを明らかにすることも重要である。

(3) 長期的にみた深層崩壊

◇深層崩壊による斜面発達

　藤田(1990)は、地すべり研究の先駆者である小出博や中村慶三郎の考え方をもとに、地すべり発達過程を図7.8のように示した。すなわち、地すべりの一生は、①地すべり変動の前兆現象の段階、②初生変動の段階、③二次的変動の段階、④地すべり変動の末期段階の4段階に分けられるという。

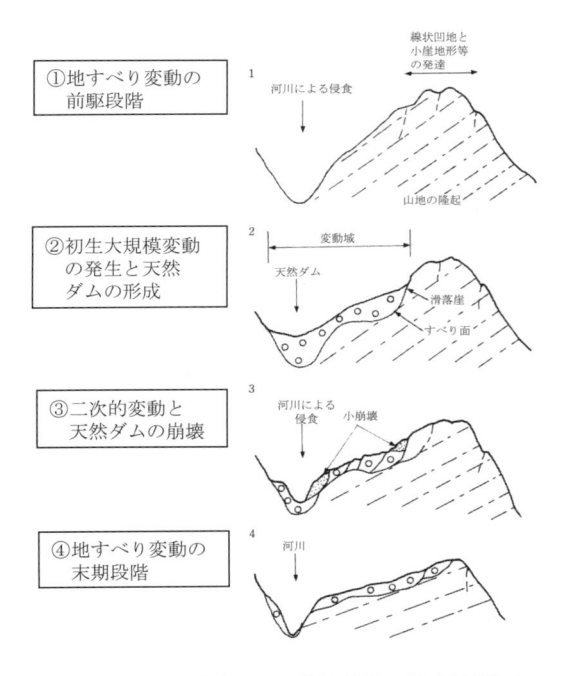

図7.8 山地の成長と地すべりの発達過程の模式図(藤田、1990)

　「深層崩壊」は②初生変動の段階に相当し、地すべり発達の一過程と捉えられている。傾斜が緩やかで移動速度も遅い狭義の「地すべり」は、③二次的変動の段階に相当する。また、①地すべり変動の前兆現

象の段階として、「山地の隆起」と「河川による侵食」による起伏量や傾斜の増大、「岩盤クリープ」による線状凹地や小崖地形も指摘されているが、これは先に述べた「深層崩壊」の2次素因や前兆現象にほかならない。この図では、②初生変動(=深層崩壊)が1回だけとなっているが、斜面長や起伏量が大きい場合には、このような一連のプロセスが何度も繰り返されて斜面が後退することが予想される。

平石・千木良(2011)や平石ほか(2012)は、羽田野(1968)などの研究を引き継ぐ形で、深層崩壊と遷急線の関係について研究を行った。崩壊現象を山地の地形発達の一過程と捉える見方である。奈良県南部の山地における上下2本の遷急線のうち、上の遷急線を上位遷急線と呼び、それが深層崩壊の開析前線として位置づけられるとした。これは、表層崩壊に対する後氷期開析前線(下位遷急線が相当するかどうかは不明)と同様の考え方であり、深層崩壊が繰り返し発生することによって斜面が侵食されて上位遷急線が形成されたことを示唆している。

上位遷急線の生成の原因としては、気候変動に伴う海水準の低下や降雨量の増加よりも、むしろ地殻変動による地盤の隆起がより効果的だったと推定している。すなわち、地盤の隆起に伴って河川の下刻速度が急増することにより遷急線が形成されたという。そして、現在の河床から130mの高さにある段丘(昔の河床の跡で、上位遷急線に連なる)の礫の年代測定結果をもとに、上位遷急線の形成年(谷の下刻速度が急増する時期)として、約2.8万年前の可能性を指摘した。その場合、現在までの河床(岩盤)の平均的な下刻(侵食)速度は 130m/2.8万年＝約5mm/年と非常に大きな値となる。竹下(1985)は同様の手法を用いて、九州でも過去2万年で30～50mの谷の侵食があったことを指摘しており、上記の下刻速度も十分あり得ると思われる。

なお、上位遷急線は年代的に本書の 1.4(2)節で紹介した斜面Ⅱ(約5.5～2.5万年前の亜間氷期に形成)の遷急線に対応すると推定される。地域ごとの遷急線と深層崩壊や表層崩壊の関係を明らかにすることが今後の課題である。

◇深層崩壊の再現期間

　深層崩壊を長期的な斜面発達(斜面形成)の一過程とみた場合、表層崩壊と同様に同じ斜面で繰り返し発生する可能性が指摘できる。その場合、深層崩壊がどの程度の頻度で発生しているか(再現期間)が重要な課題であり、その解明は長期的な深層崩壊の予測にも役立つ。今のところ、表層崩壊と同様の、同じ斜面での再現期間に関する直接的データは得られていないが、これに関して ^{14}C やテフラなどによって深層崩壊の発生時期や流域単位での再現期間に関する研究が進められている。藤田(1982、1990)は、全国の地すべり(深層崩壊含む)変動の年代として、数千年から数万年の値を示した。そして、これらは必ずしも初生変動(初生地すべり)、すなわち深層崩壊の時期を示すものではないとして、30〜10万年前(いわゆる高位・中位段丘時代)を初生地すべり多発時代と推定している。また、宮崎県の鰐塚山では、数百年前や数千年前にも深層崩壊が発生したと推定されている(清水・畑中、2010；西山ほか、2011、2012；五味ほか、2012)。これらの研究だけで、同じ斜面での深層崩壊の再現期間を推定することは困難であるが、少なくとも数千年以上であることが推定される。

　今後は、深層崩壊の発生時期や再現期間の研究と並行して、それを規定する要因の研究の進展が望まれる。表層崩壊の免疫期間や再現期間を規定する主な要因は風化などによる土層の成長速度であるが、深層崩壊の場合は基盤全体が風化する必要はない。むしろ局所的に発達する亀裂の変化が重要であり、再現期間に関係する指標としては、岩盤クリープによる単位長さ当たりの変位量(ひずみ：圧縮や伸張の程度を示す。Chigira、2009)や変位(ひずみ)速度などが考えられる。また、深層崩壊の発生には、谷の下刻による斜面基部の侵食が重要だと推定されているが、両者の間には万年単位以上の時間遅れがあるようで、それに関する研究の進展も望まれる。

7.3 降雨による深層崩壊のメカニズム

降雨による深層崩壊には、深層地下水が何らかの形で密接に関係していることは明らかである。具体的なメカニズムについてはよく分かっていないが、予察的な説明を試みる

(1) 基盤の浸透能による浸透流の振り分け

先に述べたように、集中豪雨(降雨強度)よりも大雨(総雨量。以下長雨とする)が深層崩壊を発生させやすいことが、各地で指摘されている。図 7.9 は、その理由を基盤の透水性により説明したものである。(A)長雨は、降雨強度が小さく(基盤の浸透能以下)降雨継続時間が長いケース、(B)集中豪雨は降雨強度が大きく(基盤の浸透能以上)降雨継続時間が短いケースを示す。比較のために、総雨量(＝降雨強度×降雨継続時間)は等しいとしている。

(A)長雨の場合は、すべての降雨は土層を通過して基盤の内部へと浸透し深層地下水を涵養する。そのため、涵養量は総雨量と等しい。一方、(B)集中豪雨の場合は、降雨の一部は基盤内へ浸透できずに飽和側方浸透流として土層と基盤の境界面に沿って流下するので、深層地下水の涵養量はその分少なくなる。その結果、深層崩壊は(A)長雨の方が(B)集中豪雨よりも発生しやすくなるが、飽和側方浸透流による表層崩壊は、逆に(B)集中豪雨の方が(A)長雨よりも発生しやすい。

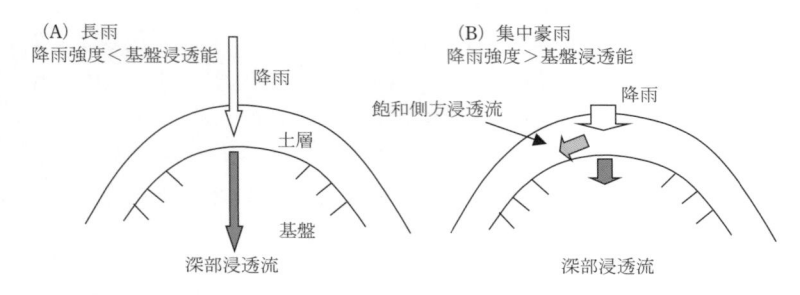

図 7.9 長雨の場合と集中豪雨の場合の地下浸透量の比較
(矢印の幅は降雨強度を、長さは降雨継続時間を示す)

（2） 亀裂による地下水の集中と水位（水圧）上昇

深層崩壊の前兆現象として、岩盤クリープに伴って基盤岩には多くの亀裂（クラック）が発生している。そこで、亀裂地下水の挙動と深層崩壊の関係について、一様地下水の場合と比較しながら検討を行う。

図 7.10 の左図に示すように、全体的に間隙率が大きい基盤の一様地下水の場合、降雨浸透による地下水位上昇量は相対的に小さい。例えば、有効間隙率 25% の場合、総雨量 1000mm の大雨が全部浸透したとしても水位上昇量は 4m（＝1m/0.25）にすぎない。深層風化した花崗岩の山地では深層崩壊が発生しにくいが、その理由のひとつと考えられる。一方、亀裂地下水の場合は、図 7.10 の右図に示すように、地下水が亀裂に集中するため、一様地下水の場合の数十倍の水位上昇が局所的に発生することもあり得る。

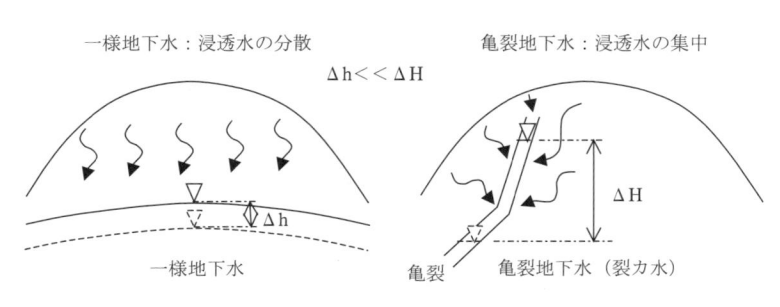

図 7.10　一様地下水と亀裂地下水の降雨時水位上昇量比較概念図

それとともに、亀裂には水位（水深）に比例した水圧が作用する。亀裂内を浸透水が流動している限り、それほど大きな水圧（動水圧）はかからないが、表層崩壊に関する水みちの閉塞（4.3 節参照）と同様に、何らかの原因で亀裂が目詰まりした場合には、大きな水圧（静水圧）が発生する。その際、亀裂の空隙が小さく亀裂内の地下水が微量であったとしても、図 7.11 に示すように亀裂面（潜在的崩壊面）には、水圧と面積に比例した強大な力が働いて深層崩壊を引き起こす可能性がある。

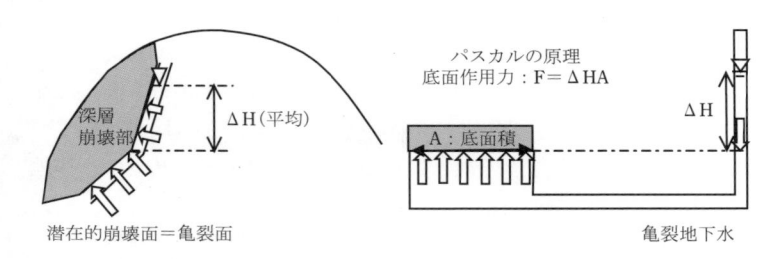

図 7.11 亀裂地下水の水位上昇による潜在的崩壊面の作用力増加の説明図

7.4 深層崩壊の予測の現状
(1) 発生場所の予測

(独)防災科学技術研究所は、以前から空中写真の地形判読による1/5万の「地すべり地形分布図」を全国的に整備している。2011年12月現在、北海道の一部を除く国土のほとんどをカバーしており、インターネットで公開されている。「地すべり」は再発することが多いので、これは一種のハザードマップとみなされ広く活用されている。また、深層崩壊も対象としているので、それが発生するたびに、崩壊場所に関する実際と予測の比較検討がなされている(井口ほか、2012など)。

空中写真は、地表の微地形が樹木に遮られて分かりにくいという欠点があったが、航空レーザー計測(LiDAR)技術の開発により、樹木の有無に関係なく微地形が正確に表現されるようになった。そして、最近では、1mDEM(数値地図)も可能となった。深層崩壊の前兆現象とみなせる、数十cm～数mの亀裂・段差・地表面のしわといった微地形が比較的容易に判読できるので、この技術を用いた深層崩壊の場所の予測が今後一気に進むことが期待される(笹原ほか、2012;千木良、2012など)。上記の「地すべり地形分布図」に関しても、特に予測されていない場所で深層崩壊が発生したケースについて、この技術を含めた新たな手法で再検討を行い、予測精度の向上を図ることが期待される(井口ほか、2012など)。

(2) 発生時間の中期・短期的予測(年～月単位の予測)

　従来から尾根の稜線に平行な亀裂は深層崩壊の前兆現象として知られており、場所の予測には重要な情報である。しかし、その時間的な変化については、これまでほとんど情報がなかった。これに関連して、横山ほか(2006)や横山(2012)は、地名や伝承など人間の歴史時代の産物の中にヒントが隠されているという興味深い指摘をしている。例えば、戦国時代(1582年)にあったと推定される四国山地の山頂の池(＝線状凹地)が現在はカラ池になっていることから、池の底の地盤の亀裂が広がって水が抜けたと推定できるという。地盤の亀裂はこの400年あまりの間に、地震のたびに拡大していったと思われる。

　一方、西井・松岡(2012)は、南アルプス赤石山脈の崩壊地(地質は西南日本南部地域と同じ付加体)において亀裂の拡大に関する詳細な測量を実施し、岩盤クリープとしては比較的速い年間55～95cmもの速度で不安定岩盤が移動していることを明らかにした。移動速度の変化やその影響要因、深層崩壊がいつ発生するのか、あるいは移動が途中で止まることもあるのかなど、今後の経緯が興味深い。植生のない3000m級の高山のデータであり、どの程度一般化できるのかは不明だが、いずれにしても深層崩壊の短期的な予測を考える上で貴重な情報である。

(3) 発生時間の直前予測(日～時間単位の予測)

　深層崩壊の発生場所の予測と比較すると、発生時間の予測に関する研究は遅れている。実際には、これは深層崩壊の発生限界雨量の予測の問題となるが、これまで事例が少なかったこともあり研究は始まったばかりである。先に示したように、深層崩壊の発生には、短時間の降雨強度よりも数日間の総雨量が効果的であることが分かっているが、内田ほか(2012)は、全国の多数の深層崩壊について、継続時間ごとの雨量を調べ、48時間～72時間(2日～3日)の降雨量が深層崩壊発生予測指標として適切であることや、48時間雨量が600mmを超えると急に深層崩壊発生の恐れが高まることを明らかにした。

表層崩壊の場合と同様、雨量のみによる深層崩壊の発生予測は、実用的だが精度に限界がある。そこで、よりメカニズムに直結した深層崩壊発生時間の予測を目指して、河川の流量や深層地下水の水位・水質の水文観測が行われている。奥西・中川(1977)はそのような研究の先駆けであるが、1972年7月に高知県の繁藤で発生した大規模崩壊について、崩壊後に、地下水位や湧水流量の観測を行った。そして、地下水の涵養システムが崩壊の前後で変わっていないという仮定のもとに、タンクモデルを用いたシミュレーションにより、崩壊発生時の地下水位や湧水流量を再現した。

　また、恩田ほか(1999、2010)は、降雨のピークに対して深層地下水の水位や河川の流量のピークが遅れて現れる現象が、降雨終了後に遅れて発生する深層崩壊に対応する可能性を指摘した。これは、降雨よりも直接的な崩壊誘因として直前予測に役立つものと期待される。Kosugi et al.(2011)は、深層崩壊が比較的発生しにくい花崗岩山地ではあるが、深層地下水が3層に分かれて降雨に対する反応の遅れ時間が異なることや、各層の深層地下水と河川流量の流出成分の対応関係などを明らかにした。

　大規模な崩壊の短時間予測手法としては、変位(ひずみ)速度を用いた予測式(斎藤、1968；福囲、1985など)があるが、これは計器を設置して変位量を測定する時間的余裕があるときに限られる。このような計測によらない、住民に身近な前兆現象としては、降雨の最中に湧水が急に停止するなどの異常が挙げられる。これは、地下深部の地盤の破壊により水みちが変わったり、閉塞したりしたことを意味しており、深層崩壊の直前の前兆現象の可能性がある。

(4) 避難

　以上のように、最近、深層崩壊の発生予測に関する情報が格段に増えたのは事実であるが、特に発生時間の正確な予測は極めて難しいのが現状である。誘因となる地震の規模や降雨量の予測だけでなく、それがどの値に達したら深層崩壊が発生するのかといった斜面ごとの限

界値の設定が困難なためである。そのため、安全第一とする防災の考え方では、まず、そのような危険な場所には住まないのが一番である。しかし、先祖代々住み続けているなど、やむを得ず住まざるを得ない場合や、自然の豊かさを求めてそれを承知で住む場合などは、降雨による崩壊に限定されるが、一時的な避難が考えられる。長雨が続き一定の基準を超えることが予想されるときには早めに避難して（当然、前もって安全な避難場所を確保しておく必要がある）、人命だけでも助かるというのが、当面現実的な対策であろう。

　深層崩壊は稀にしか発生しないので、ほとんどの場合、避難は空振りとなる。しかし、そのような長雨はせいぜい数年に1回程度なので、危険な場所に住むための保険と割り切るしかないと思われる。また、降雨中の湧水の停止などは、より切迫した深層崩壊の前兆現象の可能性があるので、すぐにでも避難する必要がある。

参考・引用文献

1) 　千木良雅弘(1985)：結晶片岩の大規模岩盤クリープ性地質構造－関東山地三波川帯大谷地区を例として－、地学雑誌、84、pp.39～62
2) 　Chigira, M.(2009)：September 2005 rain-induced catastrophic rockslides on slopes affected by deep-seated gravitational deformations, Kyushu, southern Japan, Engeneering Geology, 108 (1-2), pp.1～15
3) 　千木良雅弘(研究代表者)(2012)：特定研究集会 23C-03「深層崩壊の実態、予測、対応」論文集
4) 　千木良雅弘・ツオウ・チンイン・松四雄騎・平石成美・松澤　真(2012)：台風12号による深層崩壊発生場－発生前後の詳細 DEM を用いた地形解析結果－、特定研究集会 23C-03「深層崩壊の実態、予測、対応」論文集、pp.24～34
5) 　藤田　崇(1982)：第四紀変動とマスムーブメントの発生、地団研専報、no.24、pp.309～319
6) 　藤田　崇(1990)：「地すべり－山地災害の地質学－」、共立出版株式会社、pp.105～107
7) 　藤田　崇編著(2002)：「地すべりと地質学」、古今書院、pp.6～8
8) 　福囿輝旗(1985)：表面移動速度の逆数を用いた降雨による斜面崩壊発生時刻の予測法、地すべり、22、no.2、pp.8～13

9) 五味高志・平尾真合乃・横山 修・山越隆雄・石塚忠範・内田太郎・南光一樹(2012):深層崩壊発生頻度の推定方法検討－鰐塚山の事例を中心として－、特定研究集会 23C-03「深層崩壊の実態、予測、対応」論文集、pp.69～76
10) 羽田野誠一(1968):地すべり性大規模崩壊と地形条件－和歌山県有田川上流の事例－、第5回災害科学総合シンポジウム講演論文集、pp.209～210
11) 平石成美・千木良雅弘(2011):紀伊山地中央部における谷中谷の形成と山体重力変形の発生、地形、32、4、pp.389～409
12) 平石成美・千木良雅弘・松四雄騎(2012):紀伊山地における深層崩壊の発生場－地形発達過程からの検討－、「深層崩壊の実態、予測、対応」論文集、pp.53～55
13) 平野昌繁・諏訪 浩・石井孝行・藤田 崇・後町幸雄(1984):1889年8月豪雨による十津川災害の再検討、京大防災研年報、第27号 B-1、pp.369～386
14) 井口 隆・土志田正二・清水文健・大八木則夫(2012):地すべり地形分布図で見る深層崩壊の実態－2011年台風12号による紀伊半島の深層崩壊を対象として－、「深層崩壊の実態、予測、対応」論文集、pp.35～42
15) 地盤工学会ほか(2011):平成23年台風12号による紀伊半島における地盤災害調査報告書
16) 鏡原聖史・金森 潤・平井孝治・飯田智之・藤田 崇・三田村宗樹(2012):平成23年台風12号による奈良県吉野郡天川村における大規模斜面崩壊、地盤工学会講演論文集
17) Kosugi,K.,Fujimoto,M.,Katsura,S.,Kato,H.,Sando,Y. and Mizuyama,T.(2011): Localized bedrock aquifer distribution explains discharge from a headwater catchment, Water Resources Research, Vol.47, W07530, doi:10.1029/2010WR009884
18) 西井稜子・松岡憲知(2012):山岳地における崩壊地の拡大プロセス観測－赤石山脈アレ沢崩壊地を対象として－、砂防学会誌、Vol.64、No.5、pp.61～64
19) 西山賢一・北村真一・長岡信治・鈴木恵三・高谷精二(2011):2005年台風14号豪雨で発生した宮崎県槻之河内地すべりの活動履歴、地すべり学会誌、Vol.48、pp.39～44
20) 西山賢一・長岡信治・鈴木恵三・高谷精二(2012):テフロクロノロジーに基づく宮崎県鰐塚山地における深層崩壊の発生頻度、特定研究集会 23C-03「深層崩壊の実態、予測、対応」論文集、pp.77～82
21) 奥西一夫・中川 鮮(1977):高知県繁藤地区の大規模崩壊について(その

2)、京大防災研究所年報、第20号 B-1、pp.223〜236
22) 恩田裕一・小松陽介・辻村真貴・藤原淳一(1999)：降雨流出ピークの遅れ時間の違いからみた崩壊発生時刻予知の可能性、Vol.51、No.5、pp.48〜52
23) 恩田裕一・内田太郎・高橋真哉・田中健太・鈴木隆司・戸田博康(2010)：宮崎県鰐塚山における異なる深度の地下水位変動と渓流水の流出特性の関係の観測、砂防学会誌、Vol.63、pp.53〜56
24) 斎藤廸孝(1968)：第3次クリープによる斜面崩壊時期の予知、地すべり、4、no.3、pp.1〜8
25) 笹原克夫・桜井 亘・加藤仁志・島田 徹・小野尚哉(2012)：LiDARによる深層崩壊発生斜面の地形学的検討-平成23年台風6号により高知県東部に群発した深層崩壊の事例解析-、特定研究集会 23C-03「深層崩壊の実態、予測、対応」論文集、pp.1〜10
26) 清水 収・畑中健志(2010)：深層崩壊発生危険地におけるテフロクロノロジーによる斜面変動履歴の解明、砂防学会誌、Vol.63-2、pp.12〜19
27) 竹下敬司(1985)：森林山地での土層の生成を考慮した急斜面の生成過程に関する考察、地形、6、pp.317〜332
28) 内田太郎・鈴木隆司・田村圭司(2007)：地質及び隆起量に基づく深層崩壊発生危険地域の抽出、土木技術資料、Vol.49、No.9、pp.32〜37
29) 内田太郎・岡本 敦・佐藤 匠・水野正樹・倉本和正(2012)：深層崩壊発生降雨の特徴、「深層崩壊の実態、予測、対応」論文集、pp.64〜68
30) 横山俊治(1995)：和泉山地の和泉層群の斜面変動岩盤クリープ構造解析による崩壊「場所」の予測に向けて、地質学雑誌、101、pp.134〜147
31) 横山俊治・村井政徳・中屋志郎・大岡和俊・中野 浩(2006)：2004年台風10号豪雨で発生した徳島県那賀町阿津江の破砕帯地すべりと山津波、地質学雑誌、Vol.112、補遺、pp.137〜151
32) 横山俊治(2012)：豪雨によって付加体の破砕玄武岩で発生した破砕帯地すべり-2004年徳島県阿津江の事例-、「深層崩壊の実態、予測、対応」論文集、pp.11〜18

MEMO

MEMO

著者紹介

飯田 智之（いいだ ともゆき）　理学博士（京都大学）

1951 年　長崎県佐世保市に生まれる
1975 年　京都大学 理学部 地球物理学科卒業
1981 年　京都大学大学院 理学研究科 博士課程修了
1985 年　株式会社数理計画
1988 年　財団法人大阪土質試験所（現・財団法人地域地盤環境研究所）
2009 年　株式会社地域地盤環境研究所
2011 年　同　定年退職後、筑波大学生命環境科学研究科 研究員
2014 年　防災科学技術研究所 研究員
現　在　同　客員研究員

共編著　『水文地形学』（古今書院）1996 年

技術者に必要な斜面崩壊の知識

2012 年 8 月 10 日　第 1 刷発行
2020 年 3 月 30 日　第 2 刷発行

著　者　飯田 智之

発行者　坪内 文生

発行所　鹿島出版会
　　　　104-0028　東京都中央区八重洲 2 丁目 5 番 14 号
　　　　Tel. 03(6202)5200　振替 00160-2-180883

落丁・乱丁本はお取替えいたします。
本書の無断複製（コピー）は著作権法上での例外を除き禁じられています。また、代行業者等に依頼してスキャンやデジタル化することは、たとえ個人や家庭内の利用を目的とする場合でも著作権法違反です。

装幀：石原透　DTP：編集室ポルカ　印刷・製本：日本制作センター
© Tomoyuki IIDA 2012、Printed in Japan
ISBN 978-4-306-02445-8　C3052

本書の内容に関するご意見・ご感想は下記までお寄せください。
URL：http://www.kajima-publishing.co.jp
E-mail：info@kajima-publishing.co.jp